激光雷达输电线路树障检测技术及应用实践

袁兆祥　张　苏　张亚平　荣经国　等编著

黄河水利出版社
·郑州·

图书在版编目(CIP)数据

激光雷达输电线路树障检测技术及应用实践/袁兆祥等编著. —郑州:黄河水利出版社,2023.9

ISBN 978-7-5509-3757-4

Ⅰ.①激… Ⅱ.①袁… Ⅲ.①激光雷达-应用-输电线路-故障检测 Ⅳ.①TM726

中国国家版本馆 CIP 数据核字(2023)第 197640 号

责任编辑	岳晓娟	责任校对	杨雯惠
封面设计	李思璇	责任监制	常红昕

出版发行 黄河水利出版社

地址:河南省郑州市顺河路 49 号 邮政编码:450003

网址:www.yrcp.com E-mail:hhslcbs@126.com

发行部电话:0371-66020550

承印单位 河南新华印刷集团有限公司

开 本 890 mm×1 240 mm 1/32

印 张 3.25

字 数 85 千字

版次印次 2023 年 9 月第 1 版 2023 年 9 月第 1 次印刷

定 价 45.00 元

《激光雷达输电线路树障检测技术及应用实践》

撰写人员

袁兆祥	张　苏	张亚平	荣经国
王　浩	武宏波	刘海波	赵春晖
韩文军	孙小虎	张济勇	蒋东方
鲁　强	杨　知	李　慧	王　超
布　然	马唯婧	张卓群	高群策
苑　博	李沛洁	于光泽	许方荣
王雪莹	邹　格	周　鑫	李智威
于　高	李丹利	穆伟光	

前 言

电网行业是在中国经济发展中起着重要作用的行业,其市场规模也在不断扩大。输电线路是电网的重要组成部分,我国已经形成了完整的长距离输电电网网架,且安全要求高。线路走廊内的地形地貌状况及地物都会对线路安全运营造成重大影响,可能引发输电线路故障,给人们日常生产生活和国家经济带来巨大损失。因此,电力巡检是输电线路运营管理的常态化工作。

线路走廊内的树木对电网线路安全影响重大,如何精确检测出对线路安全有影响的树木区域,并将有影响的树木进行砍伐显得至关重要。检测影响线路安全的树木的过程称为树障检测。已有的研究通常基于人工巡检的方式实现树障检测。传统的树障检测流程是工作人员定期到现场巡视线路,对指定区域的输电线路进行树障排查。由于我国地形条件复杂,输电线路大多位于林间山地,巡检难度较大,容易造成人身和财产的损失。因此,人工巡检方式不仅巡检周期长、检测效率和准确率低,而且需要消耗大量的人力和物力。同时,对于工作人员是否巡视到位无法进行有效的管理,巡视质量不能得到保障,线路的安全状况亦得不到保证。如何解决输电线路的日常检测、提高检测精度和效率,成为电网行业亟须解决的一个重大难题。西方发达国家于20世纪50年代开始尝试用直升机搭载红外线摄影仪、数码相机、可见光录像机等影像设备对架空输电线路进行巡视，以获取输电线路走廊的可见光和红外录像、照片等。这种巡检方式虽然在一定程度上大大提高了巡检的效率，但定位精度不高，不能反映走廊地物真实三维场景，很难精确判断线路走廊地物(如树木等)到导线的距离，而安全距离的检测是输电线路巡检的一项重要内容。

机载激光雷达系统，是以向探测目标主动发射高频率的激光脉冲的方式，直接获取地物表面的三维空间坐标信息和反射率等信息，具有操作简单、环境适应性强、性价比高等特点，通过对机载激光扫描作业数据进行处理，可实现各类复杂环境下高精度真实走廊场景渲染，并能够精确判断树木到导线的距离，实现树障检测。

本书从激光雷达遥感原理、无人机激光雷达数据获取及预处理技术、无人机激光雷达数据滤波算法、输电线路激光点云数据精细分类算法、输电线路树障检测与弹幕分割算法等五个方面对激光雷达输电线路树障检测技术进行了介绍，同时，以安徽和湖北两个工程示范区为例，介绍了激光雷达输电线路树障检测技术的应用实践及其效益与前景。该技术通过点云精细分类、树障检测分析及单木分割等步骤，有效检测出树障的具体位置和区域范围，并实现砍伐树木数量的精确估算。该技术可以推广至已建及将建的输电通道树障检测中，为电网安全提供遥感技术支持，为电网基建阶段节约成本，为成本可控提供遥感技术支持。

在本书的撰写过程中参考了国内外许多专家、学者的研究成果，得到了关心、支持本书撰写与出版的领导、专家和同志们的鼓励，在此表示衷心的感谢！

由于作者专业水平有限，书中还存在很多不足，敬请各位专家和读者批评指正。

作 者

2023 年 8 月

目 录

1 激光雷达遥感概述 ………………………………………………… (1)
  1.1 激光雷达简介 ………………………………………………… (3)
  1.2 激光雷达遥感原理 …………………………………………… (4)
  1.3 常见激光雷达数据处理软件 ………………………………… (7)
2 无人机激光雷达数据获取及预处理技术 ………………………… (13)
  2.1 计划准备阶段 ………………………………………………… (15)
  2.2 航飞实施阶段 ………………………………………………… (15)
  2.3 数据预处理阶段 ……………………………………………… (17)
3 无人机激光雷达数据滤波算法研究 ……………………………… (21)
  3.1 激光点云去噪算法研究 ……………………………………… (23)
  3.2 无人机激光点云滤波算法研究 ……………………………… (28)
4 输电线路激光点云数据精细分类研究 …………………………… (39)
  4.1 电力设施激光点云提取技术研究概述 ……………………… (41)
  4.2 基于决策树的点云分类 ……………………………………… (43)
  4.3 基于分类器的点云分类 ……………………………………… (55)
5 电力走廊树障检测与单木分割算法 ……………………………… (61)
  5.1 基于无人机激光点云的树障检测 …………………………… (63)
  5.2 电力走廊单木分割与砍伐树木数量估算算法 ……………… (65)

6　工程应用实践与前景展望 …………………………………… (73)
6.1　工程示范区激光雷达输电线路树障检测应用实践 …………………………………… (75)
6.2　经济社会效益与应用前景 …………………………… (83)
参考文献 …………………………………………………… (84)

1 激光雷达遥感概述

1.1 激光雷达简介

众所周知,普通的成像技术(如电视摄像、航空摄影及红外成像等)获得的场景图像都是反映被摄区域辐射强度几何分布的图像,不能有效地获取目标的三维结构,在实际应用中受到一定程度的局限。激光雷达的出现能够有效地解决这一问题,其可以通过采集方位角、俯冲角、距离、速度、强度等三维数据,再将这些数据以图像的形式显示出来,从而可产生极高分辨率的辐射强度几何图像、距离图像、速度图像等,因而它提供了普通成像技术所不能提供的信息。

激光雷达是现代激光技术与传统雷达技术相结合的产物,它与传统的微波雷达一样,由雷达向目标发射波束,然后接收目标反射回来的信号,并将其与发射信号对比,获得目标的距离、速度以及姿态等参数。但是它又不同于传统的微波雷达,它发射的不是微波束,而是激光束,使激光雷达具有不同于普通微波雷达的特点。根据激光器的不同,激光雷达可工作在红外光、可见光和紫外光的波段上。相对于工作在米波至毫米波波段的微波雷达而言,激光雷达的工作波长短,是其万分之一到千分之一。根据光学仪器的分辨率与波长成反比的原理,利用激光雷达可以获得极高的角分辨率和距离分辨率,通常角分辨率不低于0.1 mrad,距离分辨率可达0.1 m,利用多普勒效应可以获得10 m/s以内的速度分辨率。这些指标是一般微波雷达难以达到的,因此激光雷达可获得比微波雷达清晰得多的目标图像。同时,激光束的方向性好、能量集中,在20 km外,其光束也只有茶杯口大小;而且激光束的抗电磁干扰能力强。此外,由于各种地物回波的影响,在低空存在微波雷达无法探测的盲区。而对于激光雷达,只有被激光照射的目标才能产生反射,不存在低空地物回波的影响,所以激光雷达的低空探测性能好。

激光技术具有高亮度性、高方向性、高单色性和高相干性等极有价值的特点,因而在国防军事、工农业生产、医学卫生和科学研究等方面都有广泛的应用。激光雷达系统(light detection and ranging, LiDAR)主要由 4 个部分组成,包括平台、激光扫描仪(laser scanner)、定位与惯性测量单元以及控制单元。LiDAR 技术的研究和应用飞速发展,国外商用激光雷达系统起步较早,已经投入商业运行的机载激光雷达系统主要有 Optech(加拿大)、Riegl(奥地利)、IGI(德国)、TopoSys(德国)、Alpha(美国)、Leica(美国)等公司的产品。近年来,国内 LiDAR 技术发展也较快,具有较大的发展潜力。北科天绘科技有限公司、武汉天绘云技术有限公司、深圳市大疆创新科技有限公司、北京数字绿土科技股份有限公司、成都纵横科技有限责任公司、成都奥伦达科技有限公司、广州南方测绘科技股份有限公司、上海华测导航技术股份有限公司、北京煜邦电力技术股份有限公司、武汉珞珈伊云光电技术有限公司等企业,在激光雷达产品研发和应用推广方面都取得了不菲的成绩。

1.2 激光雷达遥感原理

激光雷达是现代激光技术与光电探测技术相结合的产物。它以激光器作为发射光源,发射高频率激光脉冲到被测物表面;以光电探测器为接收器件,接收被测物表面返回的回波信息,从而实现测距、定向的目的,并可通过位置、速度、散射特性等来识别地物目标特性。激光雷达遥感属于一种主动遥感技术,相较于传统遥感手段,具有快速直接、穿透性强、分辨率高、对电磁干扰不敏感等优势。

按照搭载平台,激光雷达遥感可分为天基、空基和地基三类;按照测距模式,可分为脉冲式激光雷达和相位式激光雷达;按照激光介质,可分为气体激光雷达和固体激光雷达;按照光斑大小,可分为大光斑激光雷达和小光斑激光雷达。近年来,随着无人机技术的普及,无人机激光雷达系统及其应用发展迅速,在各领域得到了广泛应用。

激光雷达遥感原理主要涉及激光测距和辐射传输两个方面。

激光测距是激光雷达遥感最基本的应用,主要包括脉冲式测距和相位式测距两类。脉冲式测距是目前激光雷达遥感系统最常用的测距模式。其原理为:通过测量激光脉冲从发射到被目标物体反射后返回的时间间隔,利用光速计算激光器与目标之间的距离。为了区分不同波束的回波,脉冲式测距系统需要在接收到上一束回波后再发射下一束脉冲,因此可以达到的测量频率与测量距离有关。而相位式测距系统可以发射连续的激光信号,通过对激光的强度进行调制,使发射的激光信号包含相位信息,通过计算发射和接收的激光波形相位差,来计算测量目标的距离。因此,相位式测距系统更适用于高精度测距,但对激光器的功率等技术指标要求也相对较高。

在辐射传输方面,激光从发射到返回的过程中,会与大气及目标物体之间产生散射、吸收、透射等相互作用,因此接收的回波信号不仅包含目标的距离信息，还包含目标的表面特性及环境因素等信息。激光雷达方程是描述激光雷达辐射传输过程的理论基础。

为了简化激光雷达辐射传输过程，激光雷达方程通常基于两个假设：①假设激光器发射的能量在光斑内部均匀分布；②假设散射体将入射能量均匀地散射到立体角为 Ω 的圆锥体中。

激光脉冲在传播过程中遇到不同距离的障碍物时发生多次反射，每次反射的信号传输距离和强度均不同，按照时间将返回信号强度进行记录即可绘制 LiDAR 回波波形。LiDAR 回波波形是发射的激光脉冲和目标地物相互作用的结果。通过对回波波形进行分析和分解，可以实现对地物目标结构和光学特征参数的反演。图 1-1 为激光雷达回波波形示意图。

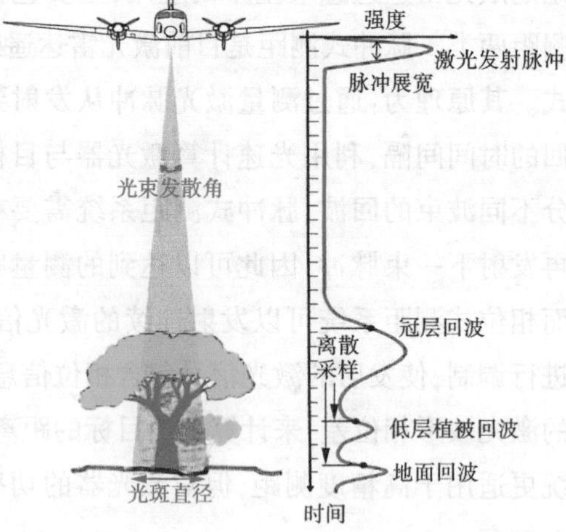

图 1-1　激光雷达回波波形示意图［引自《激光雷达遥感导论》（王成等）］

虽然激光雷达方程和回波模型物理意义清晰，但都存在对激光真实辐射传输过程的简化。此外,国内外学者还开发了一系列相对复杂的激光雷达辐射传输模型,通过精细描述地物场景来模拟激光雷达信号,从而用于分析和阐释地表特性与激光信号之间的关系。激光雷达辐射传输模型主要包括半经验模型、解析模型和计算机模拟模型三类。半经验辐射传输模型一般以数字表面模型数据为先验知识,只考虑激光的单次散射;解析辐射传输模型利用数学方法对场景进行简化的描述,例如:将冠层模拟为三维浑浊体素,或简化为多层固定坡度的表面。半经验和解析辐射传输模型都对场景和辐射传输过程进行了大量简化,具有模拟速度快的优点,但损失了模拟的精度。随着计算机技术的发展,国内外学者开发了一系列基于蒙特卡洛光线追踪原理的计算机模拟模型,包括离散各向异性辐射传输模型(discrete anisotropic radiative transfer,DART 5)、三维森林光线模型(3-D forest light model, FLIGHT)等。激光雷达辐射传输模型可以实现对真实场景和辐射传输过程的高精度模拟,但运算量大,模拟效率相对较低。

1.3 常见激光雷达数据处理软件

不断增长的行业应用需求对高效处理这些海量点云数据提出了巨大挑战。在国内外,关于激光雷达数据处理的软件逐渐增多。在早期阶段,像 TerraSolid 和开源平台 CloudCompare 这样的外国软件主导了市场。此外,诸如 ENVI(the environment for visualizing images)、ERDAS IMAGINE、ArcGIS 等多种商业遥感软件也纷纷集成了 LiDAR 模块,以满足市场需求。近年来,中国的许多研究机构、企业和高校也开始积极开发具有自主产权的 LiDAR 数据处理软件,其中包括点云魔方(point cloud magician,PCM)和 LiDAR360 等工具。

1.3.1 TerraSolid

兰赫尔辛基大学开发的 TerraSolid 软件是首款国际商业化机载 LiDAR 数据处理软件。该软件基于 Bently 的 Microstation CAD 软件开发,包含多个模块,涵盖了点云数据处理的主要功能,如 TerraScan,TerraModeler,TerraPhoto,TerraMatch 等。

TerraScan 模块专注于激光点云数据处理,TerraModeler 用于建立地表模型,TerraPhoto 则用于生成正射影像,而 TerraMatch 则用于点云航带的拼接。TerraSolid 支持多种格式的点云、影像、DEM 数据及矢量数据(dgn,dwg 及 Microstation 格式)。它能够显示点云和影像,管理航线,进行点云分幅和批处理,支持剖面交互,提供等高线生成模块、DEM 生成模块,以及地形分析模块。此外,它也支持校准和坐标转换,并且通过自动滤波将点云转换为渐进不规则三角网(triangular irregular network, TIN)加密滤波。TerraSolid 在电力线提取、林业分析、水文分析等专业应用方面具有优势。

然而,TerraSolid 的一个缺点是:它是基于 MicroStation 的二次开发,用户在使用之前需要先安装 MicroStation。因此,某些功能和应用扩展受到一定的限制,包括 TerraSolid 的可视化和人机交互操作。

1.3.2 CloudCompare

CloudCompare 软件采用 C++进行开发,可以在 Windows,Linux 和 Mac 操作系统上编译 32 位和 64 位体系结构。它是一款用于处理三维点云和三角形网格的软件,最初设计用于比较两个密集的三维点云(例如:通过激光扫描仪获取的点云),或者在点云和三角形网格之间进行比较。该软件使用特定的八叉树结构,具有强大的计算性能(例如:在双核处理器笔记本电脑上计算 300 万个点到 14 000 个三角形网格的距离仅需约 10 s)。

随后,该软件被扩展为通用的点云处理软件,涵盖了许多高级算法,如配准、重采样、颜色/法线向量/尺度处理、统计计算、传感器管理、交互式或自动分割及显示增强等功能。它还提供方便的法向量优化、泊松构网、点云滤波等功能。

1.3.3 ENVI LiDAR

2011 年 10 月,EXELIS VIS 公司发布了一款新产品,名为 E3De(the environment for 3D exploitation),后来更名为 ENVI LiDAR。ENVI LiDAR 允许用户根据需求,通过创建 IDL (interactive data language)工程文件来编写程序,实现特定功能,并具备优秀的二次开发能力。作为一款高度集成的软件,其操作简单,对用户要求不高。它支持多种数据格式,如 LAS、NITF LAS 数据、ASCII 和 LAZ 文件等。该软件提供多项功能,包括交互式截面可视化、可视域分析、三维可视化飞行浏览及编辑、点云特征提取与分类等。专业领域的应用包括森林资源调查、城市扩建制图、地形可视化和电力线勘察决策等。

1.3.4 点云魔方(PCM)

点云魔方(PCM)是中国科学院空天信息创新研究院王成研究员团队开发,具有完全自主产权的激光雷达数据处理与应用软件。2015 年 10 月首次发布,至今在国内外已有 2 万余用户下载使用。经过 5 年的技术积累,于 2020 年 11 月发布了 2.0 版本,主要特色为:①采用扁平化主题风格、全新的架构与数据管理平台;②软件功能涵盖点云基础工具、点云滤波、地物分类、矿山测绘、林业应用、建筑物三维建模、文化遗产三维建模、输电线路安全分析、输电通道三维重建、农作物监测等;③提供可自定义化的工作流设置,进一步提升用户体验。其基本功能包括以下内容:

(1)基础平台。支持打开常规点云数据、模型数据、影像数据及矢量数据,并支持按高程、类别、RGB、强度、GPS 时间等方式渲染点云数据;支持剖面操作;支持单点选择、多点选择、距离量测;支持点云数据裁剪、属性更改等交互操作。

(2)基础工具。支持对点云数据分块、合并、裁剪、筛选、格式转换、属性统计等基础操作。

(3)机器学习分类。支持随机森林、神经网络、提升机器(light gradient boosting machine, LightGBM)3 种分类器,并可自定义参数。

(4)其他功能。提供多达 20 种界面风格切换,满足用户的视觉体验,且用户可以根据个人操作习惯设置各种操作等。

1.3.5 LiDAR360

北京数字绿土科技股份有限公司研发了一款自主的激光雷达点云数据处理和分析软件,可以用于不同领域的激光雷达点云数据处理和分析,包括地理信息、电力、建筑、林业等领域。该软件具备以下功能:

(1)支持海量点云数据的可视化、分类、分析、特征提取、编辑、建模及多种数据格式的导出。

(2)能够处理多种格式的点云、影像、DEM 数据、矢量数据(shp/dxf),以及自定义数据格式(LiData,LiModel),并能够自动匹配不同航线的航带以生成高精度的点云数据。

(3)提供自动或半自动的分类功能,能够快速分离地面、植被、建筑物、电力线等对象,并允许通过剖面工具对点云类别进行交互式编辑。

(4)包含地形应用模块,能够生成高精度的地形模型,支持 DEM 的交互式编辑,能够创建坡度、坡向、等高线、粗糙度图等地形特征,还能生成正射影像模型等。

(5)提供电力应用模块,包括电力线的分类和拟合功能,以及危险点监测等操作。

(6)支持建筑物的单体化和三维重建,同时还能够进行森林统计变量的提取以进行林业分析。

2 无人机激光雷达数据获取及预处理技术

根据项目需要选择测区，提前调查测区地理环境、空域政策。无人机激光雷达数据获取流程通常包括计划准备、航飞实施和数据预处理。

2.1 计划准备阶段

计划准备阶段包括空域申请、飞机选择与准备、激光雷达设备选型与装机等诸多步骤。

计划准备阶段需要充分考虑输电线路的地形地貌特征、空域特点及气候特征等。此外，还要分析飞行目标、任务内容、工作量等。然后根据线路特点及任务目标，规划航线、布置地面基站及检校场。机载 LiDAR 数据获取涉及飞机平台，根据是否使用有人机平台、飞行区域与飞行高度来判断是否需要申请空域与租赁飞机。根据任务技术指标要求、测区地形情况，确定合适的激光雷达设备和飞行平台。

2.2 航飞实施阶段

在航飞实施阶段，通过按计划执行航飞观测任务来获取机载激光雷达数据，主要分为设备安装和调试、基站架设及地面配合、飞行操作及数据收集 3 个步骤。

首先需要进行设备安装和调试，安装好后应进行设备状态评估。

在飞机执行任务期间，还需要架设基站，一般采用 GNSS (global navigation satellite system，全球卫星导航系统)静态观测。

正式获取数据之前，飞机应该通过特定航线飞行激活惯导，并先根据任务要求对设备进行参数设置，比如激光脉冲频率、扫描方式等。飞行后，将基站中存储的坐标观测数据下载与备份，飞机设备存储的飞行日志机载惯导(IMU)和原始激光点云数据(见图 2-1)进行下载与备份，并存储好检查点、控制点文件。

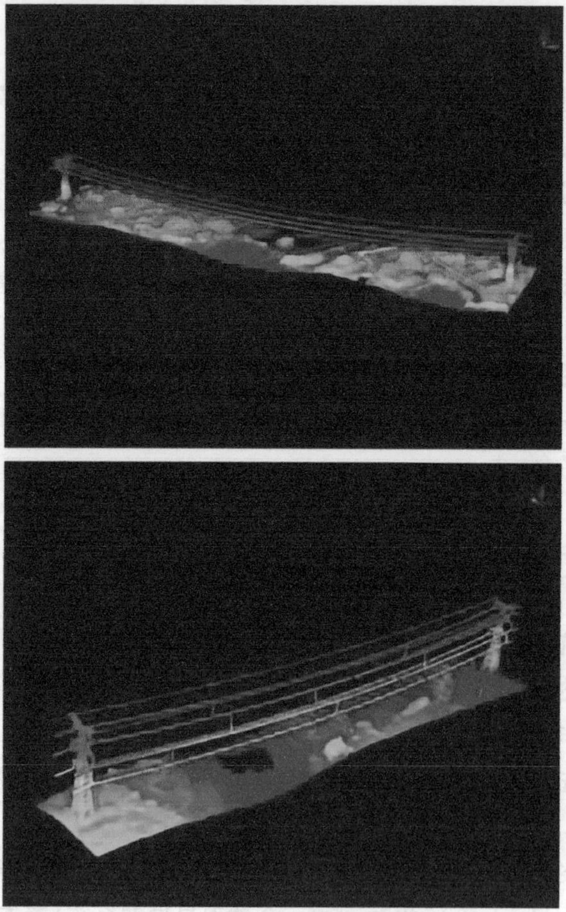

图 2-1　某测区激光雷达数据

2.3 数据预处理阶段

数据预处理需要对航飞采集的数据进行点云配准、质量检查，是后续点云操作的基础。

2.3.1 点云配准

首先进行坐标解算，即利用地面基站坐标观测数据、机载坐标数据和惯导数据，包括纬度、经度、高程、航向角(Phi)、俯仰角(Omega)及翻滚角(Kappa)等，进行联合解算，可以获取记录真实飞行信息的航迹线，即 POS(position and orientation system)数据。解算后航迹见图 2-2。

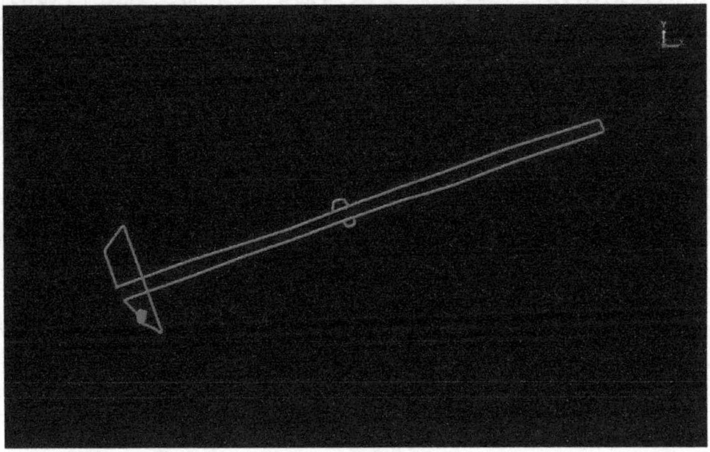

图 2-2 解算后航迹

然后进行点云配准，即将各自独立坐标系的站点数据统一到同一个相对坐标系或真实地理坐标系下，从而得到目标对象的完整点云数据。

目前大部分激光雷达数据处理软件如 CloudCompare，Riscan_Pro，MeshLab，PCM，LiDAR360 等都内置点云配准功能。

2.3.2 质量检查

在地面激光扫描过程中，遮挡物会导致数据的缺失和不完整，因此要及时进行质量检查，确认是否需要补测或重测，以及补测、重测的范围，为制订二次扫描计划奠定基础。

(1)点云完整性和重叠度。由于复杂场景中的目标物可能会相互遮挡，单次激光扫描无法覆盖目标物的所有部分，因此需要进行多次扫描以保证完整性。多次扫描的数据需要经过精确的配准，而配准精度与点云重叠度直接相关。在可视范围内，不同扫描站之间的点云重叠率应保持在 20%~30%，以满足后续点云的拼接要求。对于一些复杂的建筑物，可能需要更多次的扫描来应对更多的遮挡，以确保点云数据的完整性。

(2)点云密度。根据项目的精度要求，可以通过读取点云数据并计算激光点云的覆盖范围、面积及点数量来确定点云的密度。根据项目设计要求，可以计算测量范围内的点云密度，对于不满足要求的区域进行补测。

(3)噪声点。在扫描过程中，受到云雾、仪器、地形等因素的影响，会产生明显不属于测区内的噪声点。这些噪声点会干扰点云数据的后续处理、分析和应用。因此，需要对噪声点的分布、数量及形成原因进行检查和分析。对于影响点云质量的噪声点区域,需要进行数据的删除和补测;对于明显偏离实际目标的远离噪声点,可以使用点云去噪方法进行去除。这些步骤有助于确保扫描数据的质量和准确性。

3 无人机激光雷达数据滤波算法研究

机载 LiDAR 系统在数据采集过程中，由于仪器或者当前目标环境的影响，不可避免地会产生离群点和噪声点。当空中存在飞鸟等低空障碍目标时，系统会接收到这些物体的回波信号。这类数据点的高程明显高于目标场景内的地物，称为“飞点”。而由于目标地物可能存在多路径反射，即指接收机除直接收到卫星发射的信号外，还可能同时接收到了经过多次地面反射后返回的信号。这种情况会采集到明显低于地表的数据点，称为“低点”。点云去噪是机载 LiDAR 点云数据预处理的重要环节，离群点的存在会对后续算法所提取点云特征的显著性造成较大影响，尤其是对与高程相关的特征，从而影响到场景分类的精度。因此，需要对电力走廊场景的原始点云进行滤波去噪处理，剔除离群点。

3.1 激光点云去噪算法研究

3.1.1 基于 k 均值聚类的点云去噪

本书采用的去噪方法是结合 k 均值聚类与统计分析的离群点滤除。具体流程见图 3-1。

(1)首先对点云数据进行 k 均值聚类。随机选取 k 个点作为初始质心(聚类中心)，计算每个点与质心的距离，并把数据集中的点按距离大小分配到各个簇中。对每个簇的点坐标求平均，更新各个簇质心。不断重复上一步，直到各簇内的点不再发生改变。

(2)根据簇内设定阈值，进行噪声候选点判别。计算每个簇中点到质心的距离，求出簇的正常半径，即阈值(此处设定为每个簇的平均距离与 2 倍标准差之和)。若大于阈值，则判别为噪声

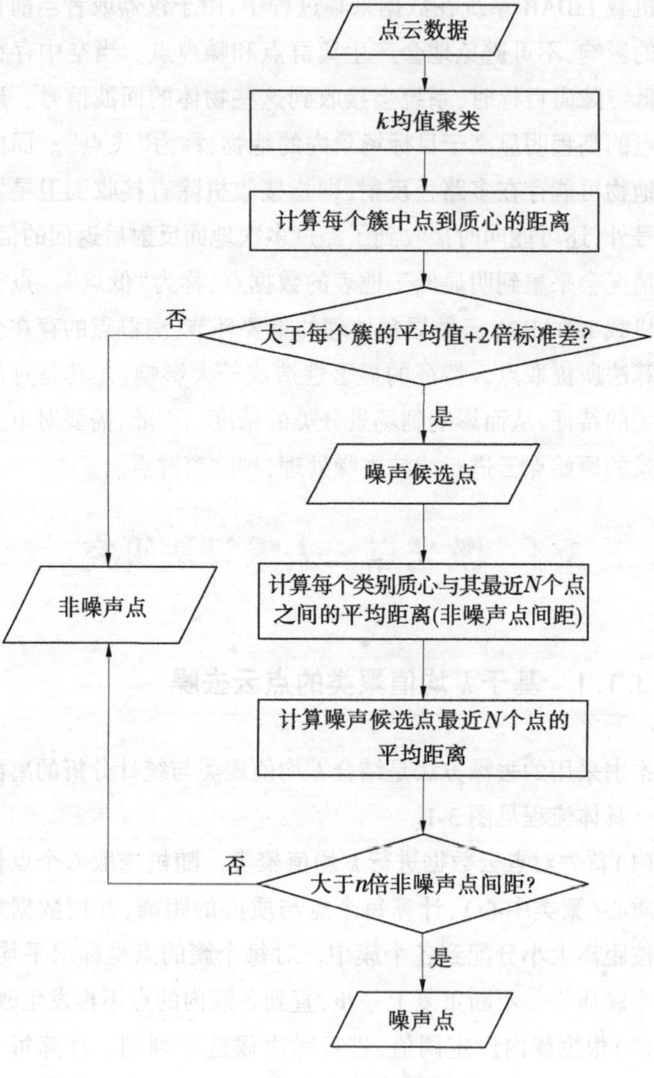

点云数据
k均值聚类
计算每个簇中点到质心的距离
大于每个簇的平均值+2倍标准差?
否
是
噪声候选点
计算每个类别质心与其最近N个点之间的平均距离(非噪声点间距)
非噪声点
计算噪声候选点最近N个点的平均距离
大于n倍非噪声点间距?
否
是
噪声点

图 3-1　点云去噪流程

候选点;若小于阈值,则判别为非噪声点。

(3)基于统计分析的离群点滤除。根据步骤(2)划分出的噪声候选点,主要包括真正噪声点及每类的类别边缘点。这两者之间的区别主要在于类别边缘点仍然比较密集,而真实噪声点的间距较为稀疏(见图3-2)。为了区分它们,进行以下处理:首先,统计每个类别质心与其最近的N个点之间的平均距离,这个距离可以作为非噪声点的间距基准值;然后,根据噪声点与非噪声点的密度比例设置一个倍数n,将n倍的非噪声点间距作为判别阈值;最后,统计噪声候选点与其最近的N个点的平均距离,如果这个平均距离大于判别阈值,就判定这些候选点为真正的噪声点。通过这一方法,能够准确地识别出实际噪声点,并区分它们与类别边缘点之间的差异。

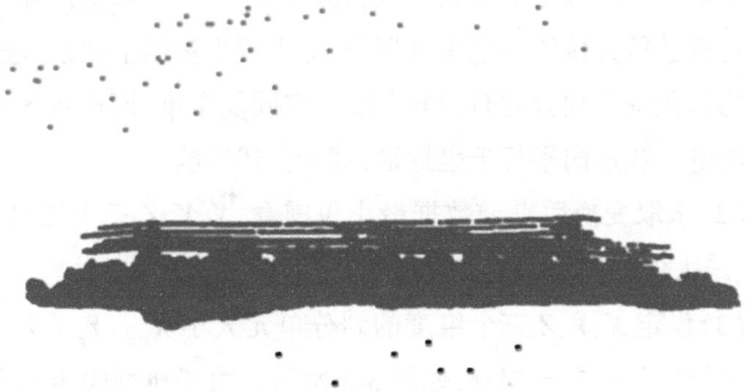

注:红色点为飞点,黑色点为低点。

图3-2 带噪声的点云数据

3.1.2 均匀包围盒索引算法

考虑输电线路走廊机载 LiDAR 点云的特点，本书选用均匀包围盒索引算法对典型噪声进行剔除，原因有以下三点：第一，均匀包围盒索引算法数据结构构建的时间复杂度低，噪声点剔除的效率高；第二，均匀包围盒索引算法能够实现三维空间邻域查询，探测典型噪声点数据的三维邻域特征；第三，基于均匀包围盒的点云索引算法是基于均匀体素对点云进行划分，易于查询相邻体素间的拓扑关系，因此可通过判断相邻体素间的拓扑关系达到去噪的目的。具体实现步骤如下：

(1)对原始点云数据进行 K-L 变换。机载 LiDAR 扫描获得的输电走廊点云数据呈现长条状，其走向有可能不和坐标轴平行，如果对其进行直接均匀包围盒划分，会出现大量的空体素，进而会增加均匀包围盒划分的时间复杂度及空间复杂度，而进行 K-L 变换可使电力线走向平行于坐标轴，减少上述影响。

(2)求取变换后点云数据最小包围盒，X、Y、Z 三个维度的最小值、最大值分别为：X_{min}、X_{max}、Y_{min}、Y_{max}、Z_{min}、Z_{max}。

(3)设定 X、Y、Z 三个维度的划分单元大小 X_{grid}、Y_{grid}、Z_{grid}，对点云进行均匀包围盒划分，如图 3-3 所示。由于典型噪声点在 X、Y 维度上分布稀疏，因此可根据实际情况将 X_{grid} 和 Y_{grid} 值设定得足够大，以减少网格的数量，进而加快噪声点的检测；至于 Z_{grid} 则需根据噪声点高程异常的程度大小决定。

(4)遍历网格(紫色网格)，判断大小为 winSize 的搜索窗口最外围的网格(绿色网格)内是否包含点，如果不包含则该网格内的

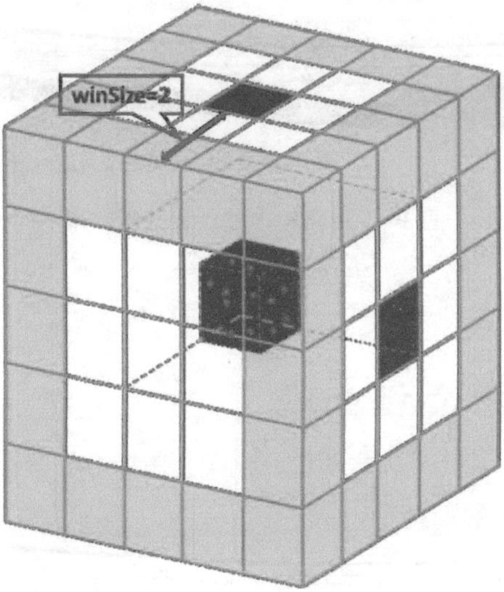

图 3-3 均匀包围盒索引算法示意图

点判定为非噪声点数据,否则判定为噪声点数据。

选取某输电线路机载 LiDAR 点云数据进行试验分析,如图 3-4 所示,线路长度为 450 m,平均点间距为 0. 2 m,总点数 2 594 819 个。去噪时选用参数:划分的三维网格单元大小 X_{grid}、Y_{grid}、Z_{grid} 分别为 10 m、5 m、2 m,搜索窗口大小 winSize 为 5。试验效果如图 3-5 所示,可以明显看到电力线点云上方的 4 个典型噪声点(图 3-5 红色圆圈内的点)被剔除,但靠近电力线的噪声点(图 3-5 蓝色圆圈内的点)没有被剔除,这部分属于非典型噪声点,对于本书后续研究影响较小,暂时可以不考虑。经统计,去噪后的点云数量为 2 594 815 个,总耗时 2. 24 s。

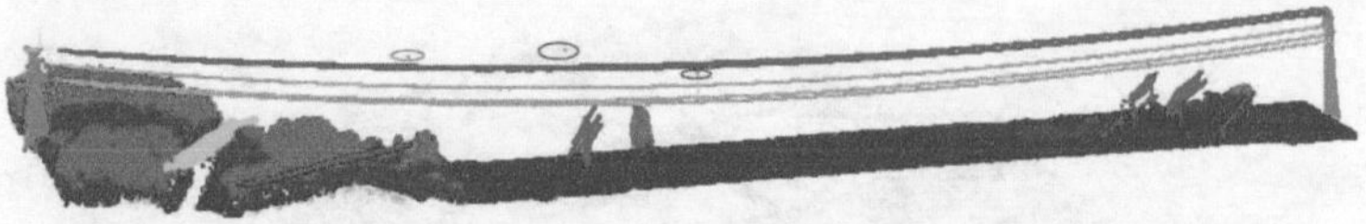

图 3-4　单档输电线点云去噪效果

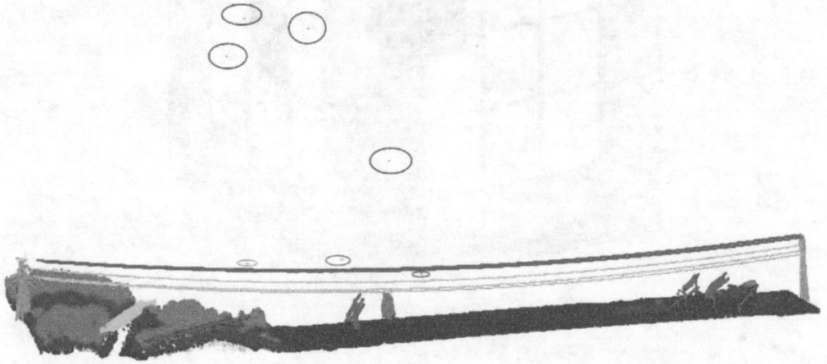

图 3-5　单档输电线路噪声点示意图

3.2　无人机激光点云滤波算法研究

点云滤波是一种用于去除非地面点，如建筑物、植被等，从而获得地面点的技术。这是后续制作数字高程模型（DEM）和进行地形形变分析的关键步骤。目前，点云滤波算法种类繁多，大致可以分为以下几类：基于数学形态学的滤波算法、基于内插的滤波算法、基于坡度和斜率的滤波算法、基于曲面约束的滤波算法、基于聚类分割的滤波算法及基于多源数据辅助的滤波算法等。

3.2.1 基于数学形态学的滤波算法

基于数学形态学的滤波算法在点云处理中采用了数字栅格图像处理中对影像噪声数据的滤波原理。它主要通过借鉴数学形态学中的腐蚀算法进行处理,通过一系列数学形态学运算来去除噪声数据,从而实现滤波的效果。

在数学形态学滤波中,常用的操作包括“开”运算和“闭”运算。“开”运算首先进行腐蚀操作,然后进行膨胀操作,主要用于去除小型噪声或孤立的异常点。这个过程中,腐蚀操作有助于缩小点云中噪声点的范围,而膨胀操作可以使地面点保持不变,从而达到平滑的效果。“闭”运算则是先进行膨胀操作,再进行腐蚀操作,适用于填充小的空洞或连接断裂的地面区域。

其中,“开”算子用于获取 LiDAR 点云数据中较低一层的数据,即获取地面点,可以去除小于结构元素的孤立目标。“关”算子用于获取 LiDAR 点云数据中较高一层的数据,即获取建筑物、植被等,可以填充孤立的空洞和裂隙。腐蚀和膨胀是两个最为基本的运算算子,如图 3-6 所示。其他运算则是经过这两个算子演变而来的。

数学形态学滤波是指基于数学形态学中的“开”运算对点云数据进行处理的过程。用基于数学形态学的滤波算法对点云数据进行滤波的过程首先需要将离散的激光点云数据进行内插,以得到规则的格网数据。随后,在点云数据中设定一个合适大小的“窗口”,通过这个窗口对激光脚点数据进行扫描。在窗口内,寻找具有最低高程值的激光脚点,并根据预设的阈值,比较其他激光

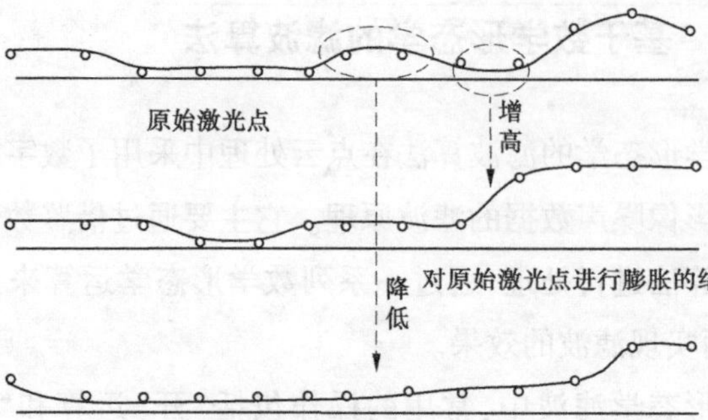

图 3-6　一维激光点的腐蚀操作、膨胀操作

脚点与最低点之间的参数。若在阈值范围内,则将这些点判定为地面点,反之则为地物点,从而实现了滤波操作。通过移动“窗口”,遍历整个滤波区域,从而完成整个滤波过程。

在基于数学形态学的滤波算法中,不同的研究者采取了多种不同的方法来实现点云数据的滤波。例如,Kilian 通过结合数据窗口的尺寸,为地面激光脚点赋予不同的权重,从而实现滤波处理;Weidner 和 Foerstner 则利用腐蚀运算中的“开”操作,结合数据窗口内激光脚点的灰度值,获得了窗口内的地面点;Hug 和 Wehr 则通过迭代计算每个激光脚点为地面点的概率,来实现对激光点云数据的滤波处理;而 Wack 等研究者则提出了利用高斯拉普拉斯操作元,逐步剔除格网内高程变化急剧的激光脚点数据,实现了点云数据的滤波处理。

这些基于数学形态学的滤波算法的不同方法在点云数据处理中发挥着重要的作用,能够有效地去除噪声,保留地面点,为后续的地形形变分析等提供可靠的数据基础。它们的实际应用还需要结合具体的场景和要求来选择合适的方法和参数,以实现最佳的滤波效果。

选取位于丘陵地区的某档输电走廊点云数据进行试验分析,如图 3-7(a)所示,线路数据长度约为 510 m,平均点间距为 0.2 m,总点云数为 3 016 614 个;地形特征较为平坦,且在局部范围内存在着层级分布的小型平地,地物类型主要包含植被(绿色)、杆塔(白色)、电力线(白色及暗黄色)三类。对该档输电线进行数学形态学滤波处理,选用参数如下:网格大小为 2 m,最小高差阈值 dh_0 和最大高差阈值 dh_{max} 分别为 0.5 m 和 2 m,地形坡度参数 S 为 0.5°,初始的窗口尺寸 b 为 2 m。试验效果如图 3-7(b)所示,可以看出:除少部分低矮植被被错分为地面点云外,大部分的非地面点被剔除。另外,分析比较滤波前后的两幅效果图,可以明显地看出路中部的红色椭圆内呈梯形层级分布的小型平地特征被保留。经统计,滤波后获得的地面点云数量为 1 203 512 个,滤波过程总耗时(不包括数据读取所花时间)约为 1 s。

(a)原始点云

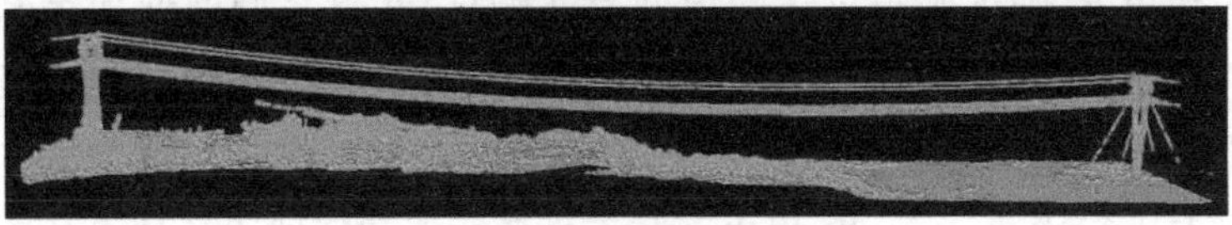

(b)滤波试验结果

图 3-7　丘陵地区单档输电走廊点云数据数学形态学滤波试验结果

3.2.2 基于内插的滤波算法

基于内插的滤波算法的基本思路在于从少量可能为地面点的激光脚点数据出发，建立初始地面模型，然后逐步从备选的激光脚点数据中筛选出符合设定参数的地面点，并通过内插加密的方式将它们融合到初始地面模型中，以实现滤波的效果。其中，基于TIN加密滤波算法是最具代表性的一种方法。其主要步骤是：首先，选取少量可能是地面点的“种子”点，建立一个相对“粗糙”的TIN模型；然后，逐步加入激光脚点数据，判断新加入的点与TIN模型建立的地面之间的高程差以及与附近地面点的角度是否在一定阈值范围内，若满足条件，则将该点判定为地面点，加入构建新的TIN，否则将其视为地物点予以剔除。此过程不断重复，直至对所有激光脚点完成判断。

在基于内插的滤波算法中，不同研究者采用了不同的方法来实现滤波操作。例如：Kraus和Pfeifer提出了一种线性稳健估计滤波算法，使用线性预测函数进行滤波；Axelsson则通过建立粗糙的TIN模型，通过迭代计算备选激光脚点与TIN的顶点之间的距离和角度，筛选满足设定阈值的激光脚点，并将它们内插加密到TIN模型中；Petzold提出了通过计算逐渐减小的移动窗口内激光脚点到初始地形表面的距离与阈值的比较，筛选满足阈值的激光脚点进行滤波；Brovelli提出了基于样条插值和区域增长技术的五步法滤波算法，包括预处理、边缘检测、区域增长、误差分类结果修正及激光点云数据内插等步骤。

这些基于内插的滤波算法在点云数据处理中起着重要作用，

能够在保留地面点的前提下,有效去除噪声点和地物点,为后续的地形分析提供可靠的数据基础。在实际应用中,选择合适的算法和参数将取决于具体情况和需求,以实现最佳的滤波效果。

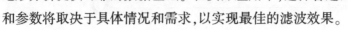

3.2.3 基于坡度和斜率的滤波算法

基于坡度和斜率的滤波算法依据是:在连续地形环境中,地面反射的激光脚点数据之间的坡度和斜率变化相对较小,与地物反射的激光脚点数据之间的坡度和斜率变化相比更小。此外,该算法认为地物反射的激光脚点数据的高程一定高于地面反射的激光脚点数据的高程。该滤波算法的核心思想在于根据地形起伏程度设定一个阈值,通过比较激光脚点与周围点云的高程差,判断是否在阈值范围内,从而确定该点是否为地面反射的激光脚点,或为地物反射的激光脚点。

对于基于坡度和斜率的滤波算法,Vosselman 提出了一种方法,通过比较点云数据中特定激光脚点与其相邻激光脚点之间的坡度阈值,以判断该激光脚点是否属于地面点或地物点,从而实现滤波的目的。Sithole 对 Vosselman 的算法进行改进,使其适用于陡峭地形。Shan 和 Sampath 提出了一维双向标识算法,通过结合高程与坡度两个阈值,来判定激光脚点的属性,从而达到滤波的目的。

这些基于坡度和斜率的滤波算法利用地形信息的特点,能够有效地分辨地面反射和地物反射的激光脚点,从而实现滤波的目的。在实际应用中,根据地形的复杂程度和数据的特点,可以选择适合的算法并调整参数,以获得最佳的滤波效果。

3.2.4 基于曲面约束的滤波算法

基于曲面约束的滤波算法的核心前提是地面反射的激光脚点的高程必然低于周围地物反射的激光脚点高程。该算法的主要思路是在局部范围内建立函数模型,用于拟合复杂的地面形态。通过逐渐调整模型参数,该方法剔除非地面点,即地物点,从而实现滤波的目的。其中,较为简单的拟合方式是对激光脚点进行线性最小二乘内插,以拟合地面形态的高程,并用此来判定地面点与地物点。对于基于曲面约束的滤波算法,有不同的方法被提出。Brovelli 提出了一种使用云线内插网格数据的方法,通过设置多重回波阈值来滤除地物点。Pfeifer 则引入了迭代线性最小二乘内插模型残差法及线性预测模型,利用最小二乘内插法生成 DEM 来进行滤波。Elmqvist 则提出了一种结合优化活动轮廓和地物特征的方法,能够区分建筑物和植被信息,从而生成 DEM 的活动轮廓滤波算法。

多级移动曲面拟合的自适应阈值点云滤波方法是一种高效实现地面点和非地面点分离的技术。该方法的流程首先对经过去噪处理的点云数据进行操作,通过将数据划分为格网并建立格网索引,初始格网大小根据研究区内最大物体的尺寸(如建筑物)确定。接着,在每个格网中找到最低点,并构建相应的曲面方程。最后,通过设置高程阈值,将地面点和非地面点分离开来。

该方法的自适应性在于,它能够基于真实高程和拟合高程之间的差异来自动调整高程阈值。这种方式使得阈值的设置更具灵活性,适应不同地形和环境的变化。整个过程的实施非常迅速,而且能够准确地将地面点和非地面点分离开来，如图 3-8 所示。这种方法的优势在于其自动化和快速性，使其成为点云处理中的重要工具，用于获取地面信息和非地面信息，为后续地形分析和建模提供了关键的前提步骤。

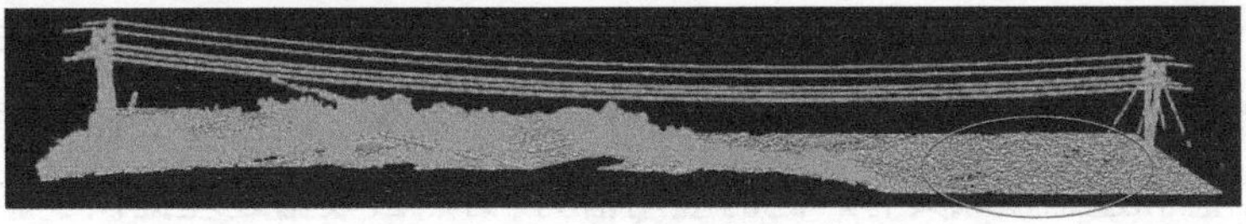

图 3-8 点云滤波结果

3.2.5 基于聚类分割的滤波算法

基于聚类分割的滤波算法采用一种创新性的思路，通过对光学、几何、统计和其他特征进行综合分析，来判断激光点云数据的属性，而不仅仅依赖于传统的几何假设来描述地形或地物形态。在这种方法中，特征的多样性被充分利用，从而实现了更准确的滤波效果。

Besl 等学者通过利用表面曲率符号来识别 8 种不同类型的地形，采用平面方程、双二次曲线、双三次曲线、双二次多项式等模型进行拟合，然后通过计算这些模型的一次和二次偏导数来获取平均曲率和高斯曲率符号。Haala 则采用 ISODATA 分类方法，结合 LiDAR 数据和多光谱影像，通过融合光谱信息和高程特征来区分地物。Filin 提出了一种自适应约束圆柱体领域系统点云分割方法，该方法基于地表曲率和高差来进行分割。Lee 和 Schenk 则借鉴人类视觉感知原理，提出了一种建立在 3D 数视觉效果基础上的表面区分滤波方法。Roggero 提出了基于静力矩、曲率等级和描述算子的连通性和主成分分析滤波算法。Schiewe 则结合分割和融合技术,利用 DSM 和多光谱信息,实现了基于区域和多尺度的特征提取方法。

这些基于聚类分割的滤波方法突破了传统滤波方法的局限性,充分利用多种特征信息,可以更精确地区分不同类型的地形和地物,从而提高了点云数据的处理精度和效果。这些方法在地理信息和遥感领域具有广泛的应用潜力,为点云数据处理提供了新的思路和工具。

3.2.6 基于多源数据辅助的滤波算法

在大多数情况下,仅依靠机载 LiDAR 点云数据进行滤波处理和点云数据分类,在不引入其他辅助滤波数据源(如影像数据、多光谱数据等)的情况下,存在相当大的困难。为了解决这一难题,基于多源数据辅助的滤波算法应运而生,主要利用已有的数据来辅助机载 LiDAR 点云数据进行滤波处理。其中,已知的 DEM 数据是主要的辅助数据来源。

这种算法的核心思想是将已知的 DEM 数据与点云数据进行配准,以确保它们在同一坐标系下,并且具备一致的空间参考。随后,将 DEM 数据进行重采样,以便生成与激光点云数据密度相匹配的规则格网数据,使得两者可以进行比较。在这个过程中,通过对 DEM 格网数据内插点的平坦度与相应位置的激光点云数据平坦度的比较,可以决定某个点是否为地面点。如果平坦度相符,该点被判定为地面点;否则,被归类为地物点。

然而,由于 DEM 数据的内插及不同精度的 DEM 与激光点云数据之间的差异,会导致内插后的 DEM 平坦度与原始 DEM 平坦度存在差异。此外,不同精度的 DEM 与激光点云数据也会导致区域内 DEM 与激光点云数据的平坦度有所差异。因此,在实际应用中,需要设定适当的阈值,以确保滤波处理的有效性,并解决由于 DEM 内插和数据不匹配导致的误差问题。基于多源数据辅助的滤波算法通过结合不同数据源的信息,为点云数据的处理提供了更加准确和可靠的方法,有效克服了仅仅依赖单一数据源进行滤波的困难。

4 输电线路激光点云数据精细分类研究

电力基础设施的建设是一个国家经济发展不可或缺的重要组成部分。输电线路充当着连接发电厂、变电站、电力配电设备和用电终端的关键纽带,在电力设施领域具有极其重要的意义。随着国民经济的迅速发展,电力网络的规模扩大,结构日益复杂。这一演变对电力设施的安全性、可靠性和运行状态进行持续监控的需求不断提升。由于电力输电线路通常跨越较长的距离,涵盖较大地域,因此对这些线路的巡检已经成为电力网络运行和维护的重要组成部分。

输电线路走廊激光点云非地面点云中包含电力线、杆塔、建筑物、植被及其他各类地物的三维空间信息。点云分类是电力线走廊安全距离分析、走廊制图等应用的基础,是点云数据自动化处理研究的核心与难点,更是目前机载点云内业处理中最费时、费力的环节。因此,提出有效的点云精细分类算法能提高点云数据处理的效率,并极大地降低内业处理成本。

4.1 电力设施激光点云提取技术研究概述

目前,国外在电力线提取算法的研究上,基于 LiDAR 点云电力线提取已有不少的研究成果,在已有的方法中可以总结归纳为两大类:利用 Hough 变换对直线参数进行提取和局部模型法。

在确定电力线的初始方向时,Y. Jwa 采用了 CLF(compass line filter)方法。随后,提出了利用 VPLD(voxel-based piece-wise line detector)加速方法来提取电力线。VPLD 的基本思想是在小立方体内利用悬链线方程进行分段拟合电力线参数,同时沿着当前立方体的两侧延伸小立方体，利用立方体内的点云估算电力线参数。随后，将当前立方体内拟合的电力线参数与上一个立方体内的参数变化进行比较，以判断是否属于同一根电力线。通过这种方法，电力线的提取率达到了 93.8%。Robert A. McLaughlin 将同一档距内的电力线点云数据分配到 N_i 个椭圆的区域内，并在每个椭圆区域内建立电力线模型。通过利用椭圆区域内的点云数据，对悬链线方程参数进行估算，以便辨识出同一档距内的电力线点云。另外，Thomas Melzer 采纳悬链线方程作为假设模型，从数据点子集中随意选取初始点集。然后，通过随机抽样一致性算法(RANSAC)计算数据点到假设模型的距离，从而估算出悬链线方程的参数。这有助于辨认同一根电力线上的点云。总体来看，上述方法中的提取过程主要依赖 Hough 变换或悬链线模型，导致电力线的提取过程相对复杂，且需要较大的计算量。

此外，国内许多专家、学者也在开展相关研究。例如，余洁等首先对 LiDAR 数据进行滤波，将非地面点和地面点分离出来；然后，在非地面点中进一步分离出电力线点，采用基于角度滤波的方法将植被点和电力线点分离；随后，通过二维 Hough 变换进一步分离各条电力线；最后，采用双曲余弦函数模型拟合分离出的单条电力线。叶岚等通过高程投影和重采样将点云数据转换为高程值影像，在影像空间中运用边缘检测提取边缘。随后对边缘图像应用 Hough 变换进行电力线检测，将检测的分段电力线聚集起来，并将结果映射回三维空间。以上方法的共同点是将三维点云数据转化为二维高程值影像，然后利用 Hough 变换提取直线信息。刘正军等在总结上述方法的基础上，提出了一种机载 LiDAR 数据快速提取输电线的方法，该方法采用 K 近邻聚类原理，首先通过高程直方图分析去除地面点，然后根据点云密度差异剔除杆塔，最后利用相邻线间距离差和相邻层高程差分离出单根电力线，从而更准确地提取电力线点云。该方法能够更精准且快速地提取电力线。

除了电力线点云的检测和建模，精确检测和三维重建电力杆塔也是机载 LiDAR 在输电线路巡检中不可或缺的一部分。韩文军等首先提取电力线点云，然后通过检测电力线对的连接点来定位和提取杆塔。游安清等将点云数据格网化，将其向水平面投影生成二维灰度图像，统计各个格网中的点数，提取其中直方图响应最大的地方作为杆塔的水平位置。

4.2　基于决策树的点云分类

4.2.1　电力线点云提取

4.2.1.1　基于 RANSAC 的电力线点云提取方法

经过滤波后，非地面点包含电力线点和其他地物特征点。其中，电力线是悬空的。基于电力线点云的空间分布特征，可以实现电力线点云的粗提取。在这个阶段，电力线点云可能还包括其他地物特征点。因此，依靠电力线点的投影分布特性，采用随机抽样一致性算法（random sample consensus，RANSAC）来实现电力线点的精确提取。首先,利用电力线在水平面上投影的线性分布特性,采用 RANSAC 线性拟合方法来剔除与电力线不对齐的离群点;然后,利用电力线在垂直面上投影的抛物线分布特性,采用 RANSAC 抛物线拟合方法来消除与同一垂直面上的高压线不对齐的噪声点;最后,在消除所有噪声点后,实现对电力线点云的精确提取。

4.2.1.2 试验分析

如图 4-1(a)所示为机载 LiDAR 输电走廊点云数据,包括了一层、三股高压线,每股高压线之间的距离约为 7 m,高压线直径约为 0.4 m,输电线路点云长约 339 m、宽约 90 m,平均点间距约为 0.25 m,点云个数为 2 181 990 个,其中高压线点云个数为 6 319 个,地形比较平坦,有一块农田,高压线距离最近的地物为 3 m。

首先,进行基于输电走廊点云空间分布特征的高压线点云数据粗提取:设定格网的大小为 4 m×2 m,连续空间间隔阈值为 3 m,粗提取的高压线点云数据如图 4-1(b)所示,但由于线下的植被较高,导致不满足空间连续间隔阈值的格网较多,形成了较多的断线,且高压杆塔附近有一些杂点。

其次,为了避免杆塔附近杂点对后续直线检测的干扰,本书首先去掉杆塔附近 10 m 的点云数据,然后采用基于 RANSAC 直线拟合方法提取高压线点云数据,图 4-1(c)中黑、红、绿三种颜色的点云数据分别代表基于 RANSAC 提取的三股高压线点云数据,与图 4-1(b)相比,基本保留了粗提取点云数据中间区域所有的高压线点。

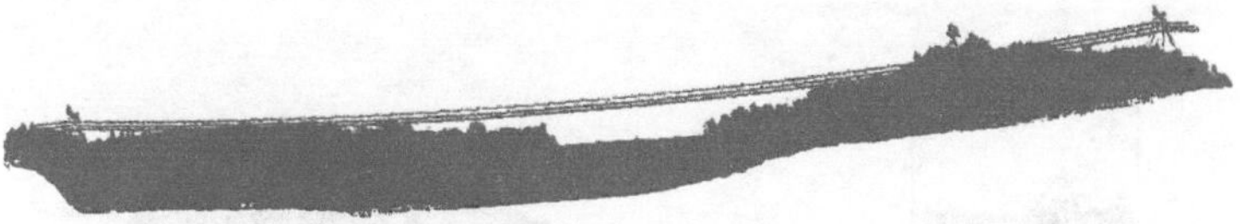

(a)机载激光LiDAR输电走廊原始点云数据

(b)粗提取高压线点云数据

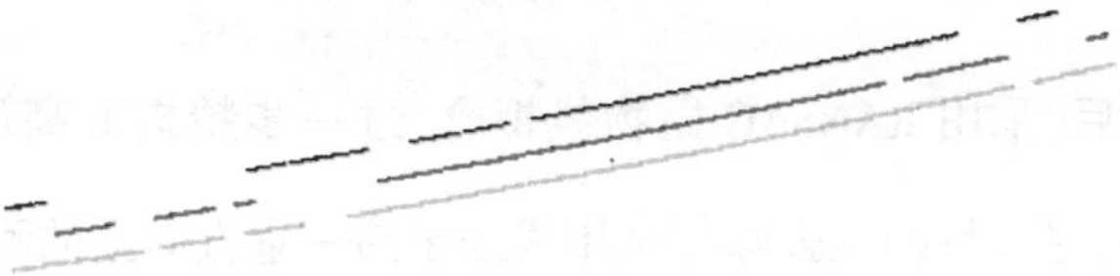

(c)RANSAC线性检测分割提取的高压线点云数据

(d)RANSAC 抛物线拟合分割提取的高压线点云数据

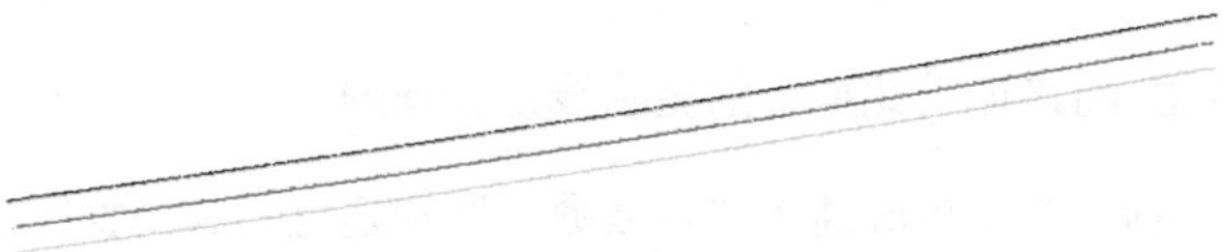

(e)直线和抛物线模型生长精提取的高压线点云数据

图 4-1　高压线点云数据提取过程

(f)高压线点云数据提取的整体效果

续图 4-1

然后,采用 RANSAC 抛物线拟合,进一步精提取高压线点云数据,其主要目的是去除与高压线处于同一垂直面上的噪声点,以及分割处于同一垂直面的多层高压线点云数据,并采用 RANSAC 方法实现高压线分股,如图 4-1(d)所示,为后续的模型生长提供基础数据。从图 4-1(c)、(d)中可以看出,经过 RANSAC 线性检测之后,高压线下面并没有形成噪声点,且此高压线为单层,但经过 RANSAC 抛物线分割提取之后基本保留了上一步的高压线点云数据,间接证明此拟合的抛物线是合理的。

最后,基于单股高压线点云数据所构建直线和抛物线模型,并采用模型生长方法精确提取剩余高压线点云数据,图 4-1(e)显示了提取的完整高压线点云数据。

本次试验总共耗时 1.5 s,提取出的高压线点云个数为 6 208

个,正确提取率为98.1%,图4-1(f)显示了高压线在输电走廊点云中的效果。

4.2.2　杆塔点云提取

4.2.2.1　杆塔点云提取方法

根据杆塔及周边地形地物的空间几何特征和点云分布特点,设计杆塔点云自动提取算法,主要包括三个步骤:基于区域生长算法的杆塔点云粗提取、基于杆塔几何特征和RANSAC算法的杆塔主干区点云提取以及基于杆塔空间几何特征和RANSAC算法的杆塔点云精提取。

(1)基于区域生长算法的杆塔点云粗提取:通过电力线点云提取,非地面点中仅包含第一类和第三类格网,针对第一类与第三类格网的相对高度差异,可以通过设置格网相对高差和格网点云空隙率(格网空隙总间隔与格网相对高度的比值)阈值滤除大部分的第一类格网,然后通过区域生长聚类相邻的格网,并对得到的每类点云数据统计其面积和长度,通过相应的阈值去除不符合要求的类别,即可得到独立的粗高压杆塔点云数据。

(2)基于杆塔几何特征和RANSAC算法的杆塔主干区点云提取:通过计算杆塔主干区的点云坐标平均值作为杆塔中心位置,该方法关键是对杆塔主干区点云数据的分割。根据三种类型的高压杆塔的主干区横截面进行分析,进而提取杆塔主干区点。

(3)基于杆塔空间几何特征和 RANSAC 算法的杆塔点云精提取:针对上述分层点云数据质量的不同,以及三种高压杆塔横截面都为长方形的结构特征,提出基于坐标系旋转进行分层点云数据角点坐标提取的方法,并通过 RANSAC 空间直线拟合算法来拟合主干区杆塔棱线,空间直线模型作为最优数学模型,且该空间直线即为拟合的杆塔塔身棱线,通过此棱线对杆塔点云进行精提取。

4.2.2.2 试验分析

针对上述高压杆塔点云数据的分类方法,本章选择某一输电线路中不同塔型点云数据加以试验分析。其中主要参数设置如下:Kd-tree 聚类去噪半径为 2 m,空间格网区域生长格网大小为 1 m×1 m×2 m,高压杆塔分层间隔为 1 m,包围盒顶点向外拓展距离 ΔL 为 1 m。电力塔点提取具体结果如图 4-2~图 4-4 所示。此外,通过杆塔点云数据的特征,基于杆塔平面坐标粗提取的杆塔点云个数 N、经人工分类得到的杆塔点云的个数 $N_{塔}$、经自动分类算法得到的杆塔点云个数 $N'_{塔}$和噪点个数 $N_{噪}$ 以及算法效率进行杆塔点云分类算法评价结果如表 4-1 所示。

(a)T形塔

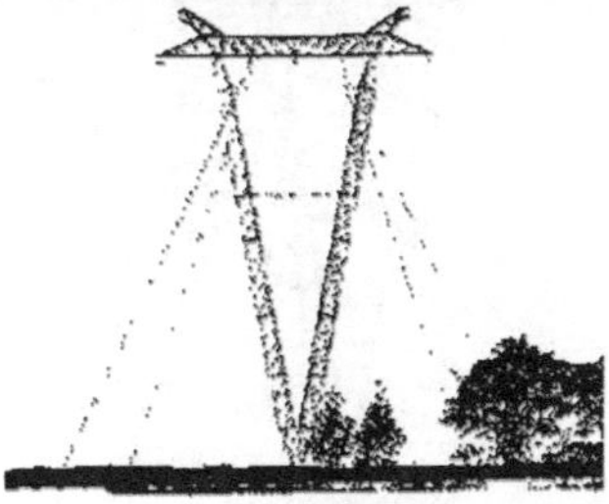

(b)V形塔

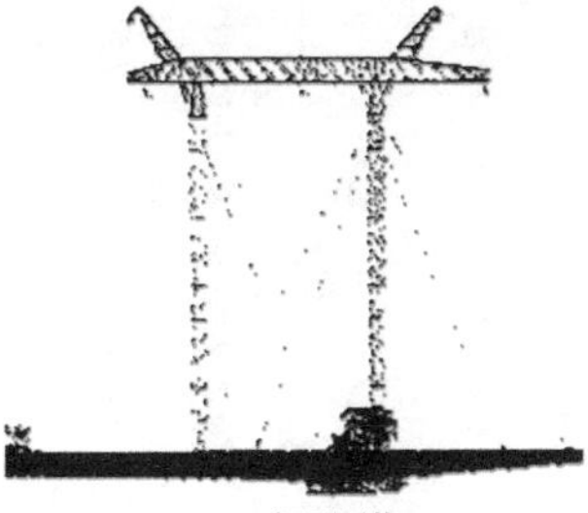

(c)门形塔

图 4-2 三种类型高压杆塔粗提取点云示意图

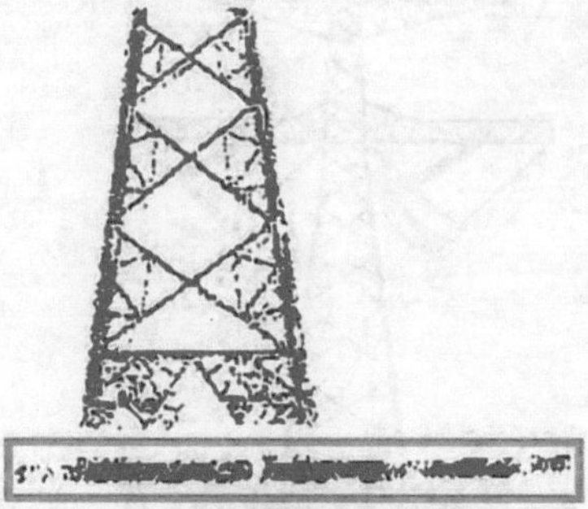

(a)T形塔

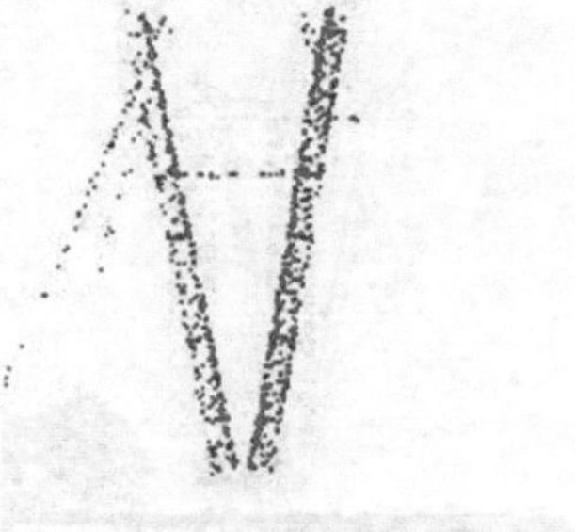

(b)V形塔

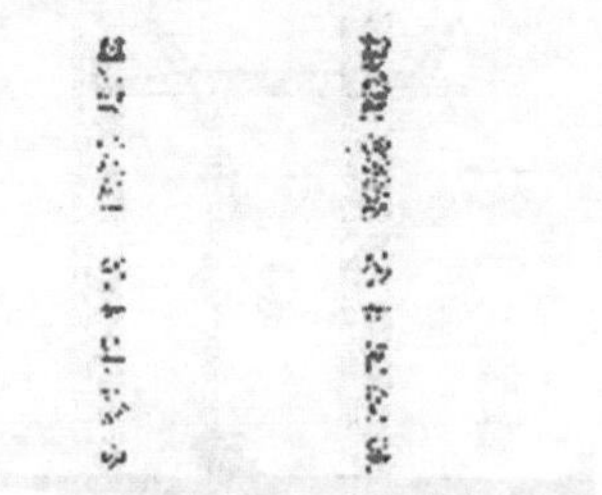

(c)门形塔

图 4-3　三种类型高压杆塔的主干区域点云示意图

(a)T形塔

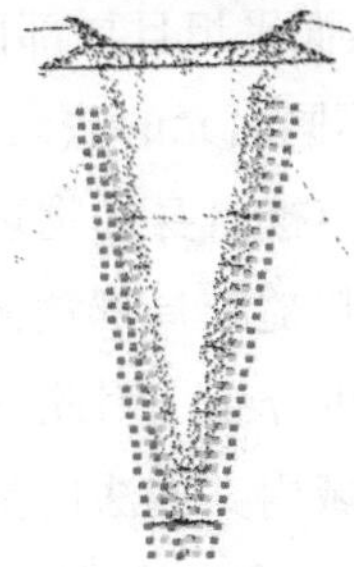

(b)V形塔

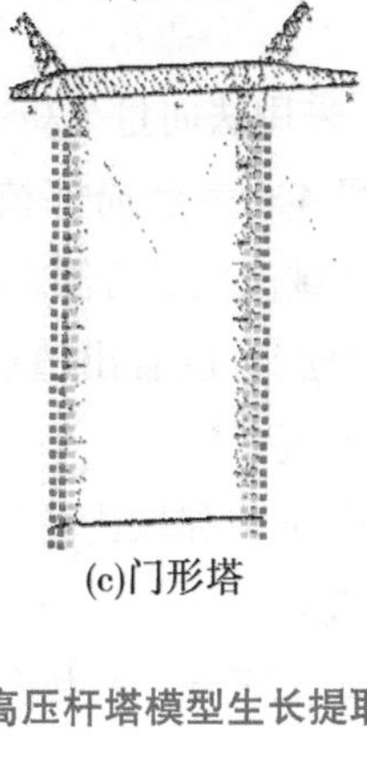

(c)门形塔

图 4-4 三种类型高压杆塔模型生长提取的杆塔点云数据

表 4-1　高压杆塔点云数据试验结果

杆塔类型	N/个	$N_{塔}$/个	$N'_{塔}$/个	$N_{噪}$/个	耗时/s	提取正确率/%
T 形塔	45 963	5 655	5 588	993	2	98.82
V 形塔	36 429	2 535	2 397	8	1.5	94.56
门形塔	9 598	4 718	4 681	0	1.5	99.22

4.2.3　建筑物点云与植被点云分类

通常情况下，建筑物表面平坦且局部面元的法向量（法线）趋向于竖直状态（平顶房），不同面元的法向量之间也近似平行或呈现一定的规律性。而由于植被自身的物理特性，叶片方向随机分布，植被区域的点云相对“粗糙”，局部法向量方向杂乱无序，不同法向量的夹角在$[0,\pi]$随机分布。因此，采用分析以目标点为中心的局部面元法向量与邻域内其他法向量夹角的方法，通过计算角度方差并设置阈值，将方差大于阈值的点判定为植被点，否则判定为建筑点。

针对植被点的剔除，采用法向量分析方法，图 4-5 表示了整体法向量分布的俯视图，图 4-6 表示局部植被区域的法向量分布，图 4-7 表示局部建筑物区域法向量分布的侧视图。白色线段表示法向量，绿色为三维点数据，可以看出植被点法向量分布散乱，而建筑物区域法向量方向趋近一致。

通过计算目标点法向量与邻域内法向量夹角的方差，判断该目标点属于植被点或建筑点。

总体分类结果如图 4-8 所示。本书将采用召回率、正确率、总

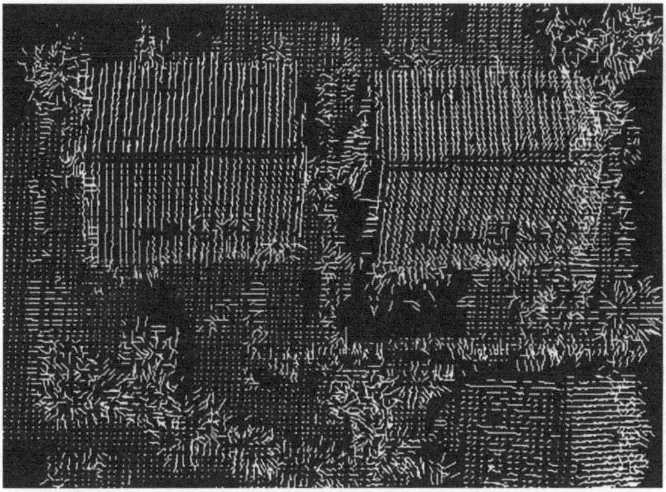

图 4-5 整体法向量分布俯视图

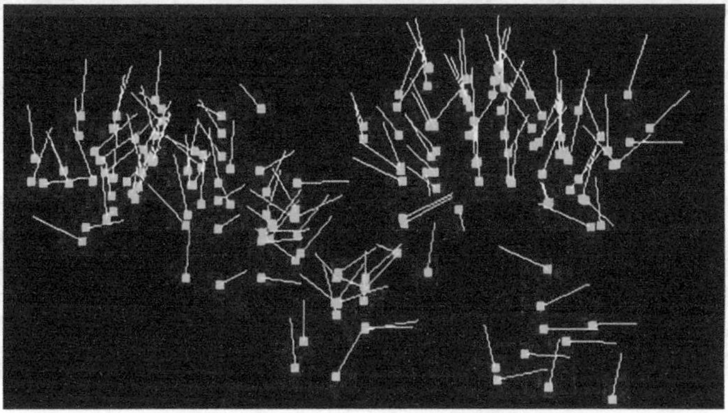

图 4-6 局部植被区域法向量分布

体精度 3 个指标来评价精度。其中，R 为被正确分类为某一类（如植被点）的点云数量与实际植被点数量的比值，P 为被正确分类为某一类的点云数量占实际提取的该类点云数量的比例，F 为综合考虑 R 和 P 的总体精度。利用人工分类的数据作为参考数据对

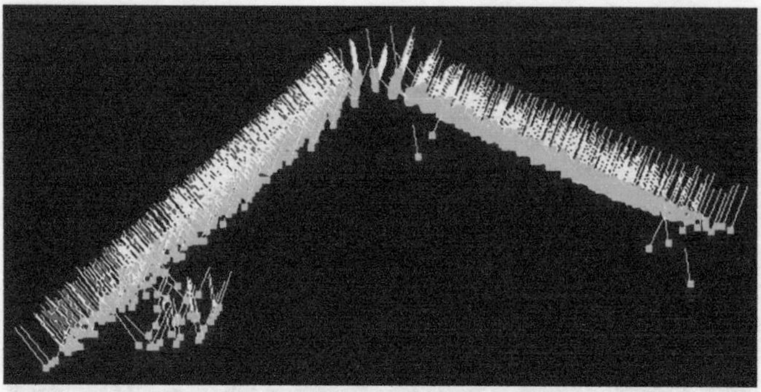

图 4-7　局部建筑物区域法向量分布的侧视图

分类结果进行精度验证，可以得到电力线提取精度为 98.1%，植被点提取精度为 93.4%，总体分类精度为 93.2%，均满足项目需要。

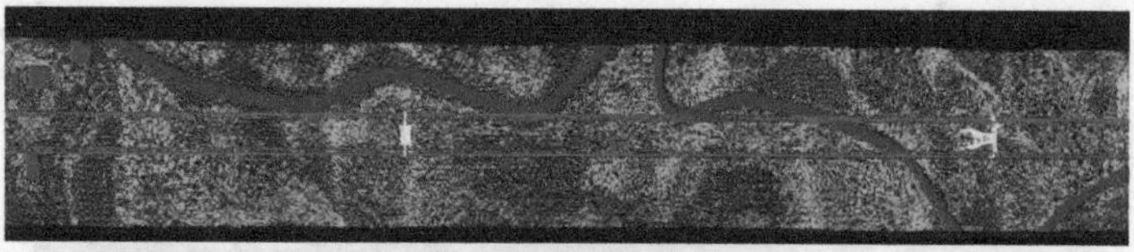

(a)正视效果

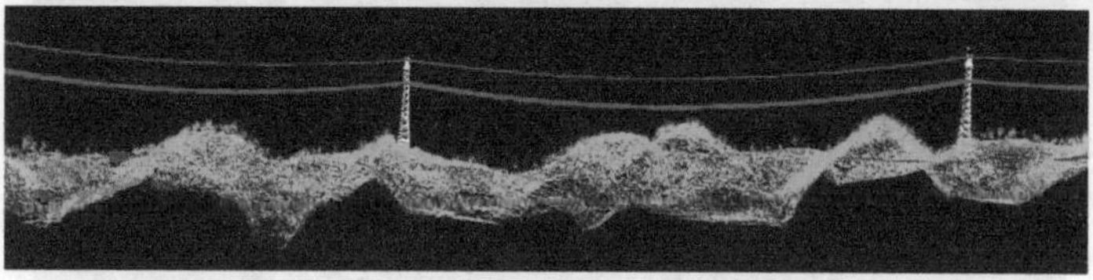

(b)侧视效果

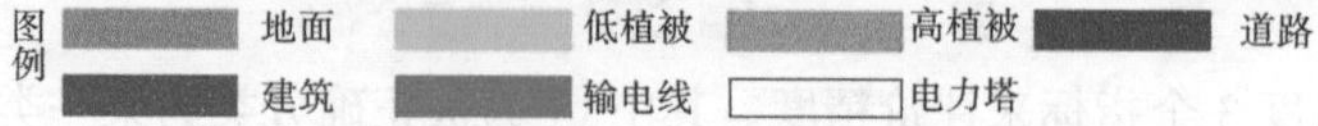

图 4-8　电力走廊点云预处理结果

4.3　基于分类器的点云分类

4.3.1　研究区数据集

本书使用的训练集和测试集都为平原地区的机载激光扫描数据，地形复杂度较低，地面起伏较小，如图 4-9 所示。其中，训练集训练模型，测试集测试该模型的性能。训练集与测试集①为同一地区两部分数据，杆塔类型相同，都为羊角塔；测试集②为另一地区的扫描数据，杆塔类型为猫头塔和干型塔。这 3 个数据集都包括地面、植被、杆塔、电力线、建筑物 5 种地物类型，分析表 4-2 可知，地面点和植被点占总点云数目的 90%以上，而重要的电力设施如电力线、杆塔等地物，仅占 3%左右，占比极小，各类别分类极不均衡。因此，电力走廊激光扫描数据集是一个不平衡数据集，该场景分类是典型的不平衡分类问题。

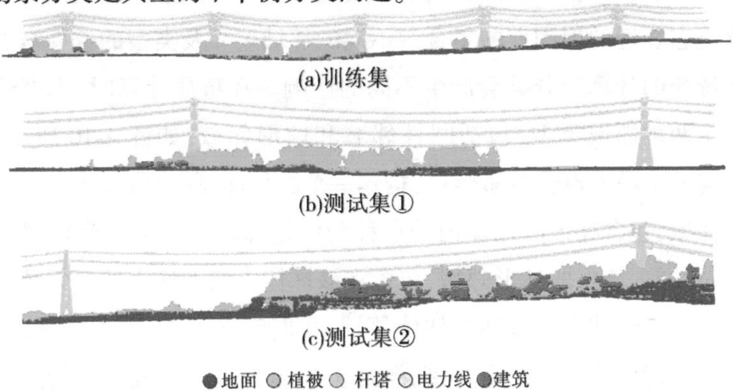

图 4-9　各数据集实际类别示意图

表 4-2　数据集概况

原始数据集	地面	植被	杆塔	电力线	建筑物	总点数
训练集	2 875 959	1 921 907	93 160	321 306	41 064	5 253 396
	54.7%	36.6%	1.8%	6.1%	0.8%	—
测试集①	774 617	773 545	29 550	89 185	26 272	1 693 169
	45.7%	45.7%	1.7%	5.3%	1.6%	—
测试集②	1 586 186	1 848 121	20 509	20 688	222 033	3 697 537
	42.9%	50.0%	0.6%	0.6%	6.0%	—

4.3.2　点云特征提取

本书使用的特征是基于单点的特征，根据每个点及其邻域范围内的点计算获得。点云的邻域是指以一个激光点为中心点，搜索与它邻近的周围点的集合。不同的邻域尺寸及类型的选择对点云特征的计算和分类会产生不同的影响。在特征计算时，本书使用了两种邻域类型，包括圆柱邻域和球形邻域，如图 4-10 所示。给定一个激光点及搜索半径，构建一个圆柱体，称为该激光点的圆柱邻域，包含在该圆柱体内的点称为圆柱邻域内的点。当构建球体时，即为该点的球形邻域，包含在该球体内的点称为球形邻域内的点。结合球形邻域和圆柱体邻域，我们定义了 21 种点特征，主要包括特征值、密度、高度、纵剖面这 4 类，对每个激光点进行全面分析，完成特征向量的构建。

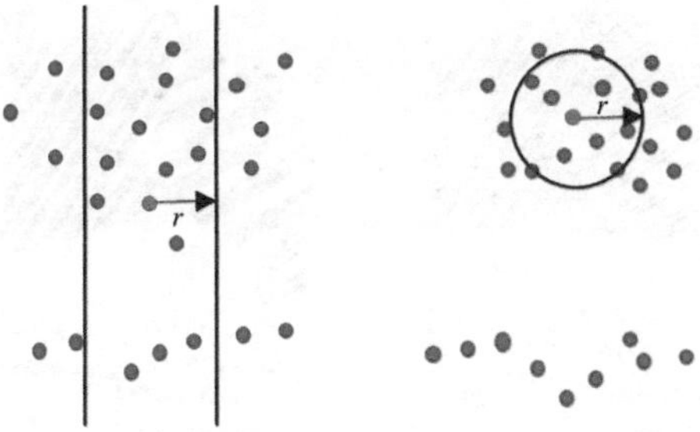

(a)圆柱邻域　　(b)球形邻域

图 4-10　点云特征的邻域定义

在进行点云特征提取前,需要对数据进行预处理操作,目的是为了平衡数据集中的各类别数目,减少类别不均对分类精度及特征重要性等造成的影响,构建合理的训练数据集,从而建立可靠的分类模型。本书结合了 SMOTE 过采样算法和随机欠采样算法,对杆塔、建筑物类别进行过采样,对地面、建筑物、导线点进行欠采样。过采样示意图见图 4-11,其中蓝色点为原始点,红色点为根据 SMOTE 过采样算法人工合成的点。合成的建筑点保留了原始点的平面特性,杆塔点保留了原始杆塔的塔型信息和垂直结构信息,二者的特征未受到较大影响。因此,合成点的分布规律和范围与原始点相近,在保证原始点云结构特征的基础上,一定程度上加密了原始点,具有合理性。

为了保证分类精度,训练集和测试集需要进行相同的预处理操作,尽可能提高数据的相似性。因此,本书使用同样的预处理方法,以及过采样、欠采样参数,对两个测试集进行预处理,以平衡各类别数据,最终得到的试验数据集见表 4-3。

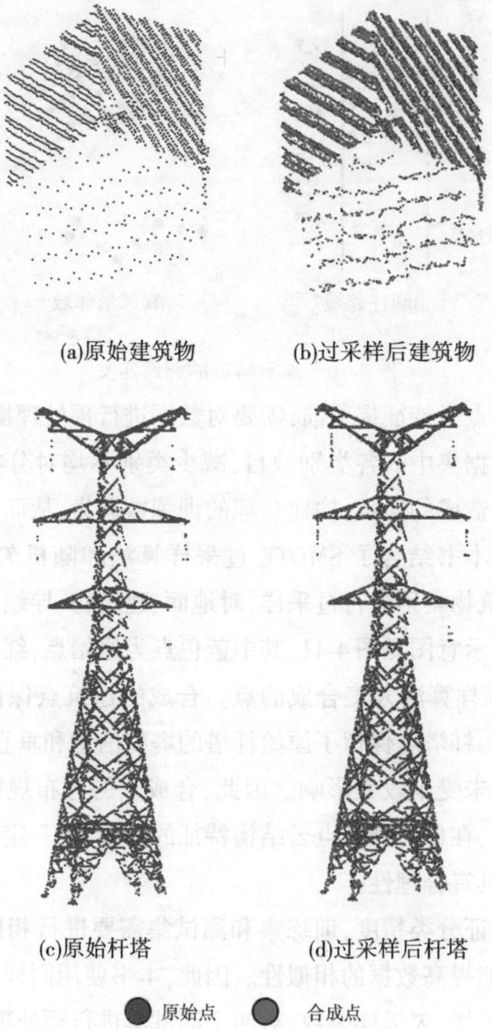
(a)原始建筑物
(b)过采样后建筑物
(c)原始杆塔
(d)过采样后杆塔
原始点
合成点

图 4-11　过采样示意图

表 4-3　试验数据集

数据集	地面	植被	杆塔	电力线	建筑物	总点数
训练集	250 000	250 000	279 480	250 000	246 384	1 275 864
测试集①	269 431	100 722	88 650	69 676	157 632	686 111
测试集②	137 929	240 629	61 527	16 162	1 332 198	3 697 537

在预处理的基础上,以邻域半径为 1.5 m,对每个点分别计算 21 种特征,构建特征向量。由此,我们可分别得到训练集和测试集特征。

4.3.3　点云分类与精度评估

在点云特征提取基础上,利用 K 近邻(KNN)、逻辑回归(LR)、随机森林(RF)、梯度提升树(GBDT)4 种分类器进行点云分类。本书将采用召回率(R)、正确率(P)、总体精度(F)3 个指标来评价精度,分类精度如表 4-4 所示。结果表明随机森林分类明显优于其他分类器,在导线和杆塔连接处分类较为精细。

表 4-4　点云精细分类精度评价

测试集	点数	分类器	精确率/%	召回率/%	总体精度/%
数据集 1	2 819 021	KNN	77.76	81.36	78.24
		LR	80.05	69.93	73.71
		RF	82.16	83.15	82.33
		GBDT	79.99	82.80	80.45

续表 4-4

测试集	点数	分类器	精确率/%	召回率/%	总体精度/%
数据集 2	3 697 447	KNN	86.59	78.55	81.00
		LR	89.87	65.58	69.78
		RF	92.70	84.60	87.72
		GBDT	91.88	83.12	86.34
平均值	3 258 234	KNN	82.18	79.96	79.62
		LR	84.96	67.76	71.75
		RF	87.43	83.88	85.03
		GBDT	85.94	82.96	83.40

5 电力走廊树障检测与单木分割算法

5.1 基于无人机激光点云的树障检测

在点云数据完成分类后,可以利用判断导线与植被之间的距离是否超过安全规范来实现树障检测。目前,最常用的树障检测方法是分别计算每个电力线点到每个植被点的距离,以此分析是否超过了电力线安全运行所规定的安全距离阈值。如果距离超过安全距离,那么将该植被点视为树障点。这种方法能够有效地检测树障的位置和范围,但是它的算法复杂度高、计算量大,无法满足快速检测的要求。为了提高树障检测的效率,首先将电力线点沿 x 方向进行分段。经过试验发现,当分段间距设置为 1 m 时,计算效率和精度均能达到较高的水平。对于每一段电力线点,找出其所在 x 范围内的所有植被点,并计算该段所有植被点到电力线点的水平距离、垂直距离及净空距离。然后,将这些距离与安全距离进行比较和分析,最终可以精确地检测出树障点,并确定树障隐患区域的位置和范围。

无人机 LiDAR 数据被用于在测试区域内进行树障检测,并且电力线某一部分的树障检测结果如图 5-1 所示。图 5-1 表明总共检测出 1 个隐藏的树障危险区域。关于每个隐藏的树障障碍物的相关数据,包括其位置和距离,以树障检测报告的形式呈现,如表 5-1 所示。为了确定本次研究提出的树障检测方法的效果,采用两种不同的方法来验证树障检测结果。第一种方法是手动测量植被点与电力线点之间的距离。利用激光雷达处理软件中的距离测量工具,手动测量植被点与电力线点之间的水平距离和垂直距离。通过评估树障隐患的位置,以及与电力线的水平距离和垂直

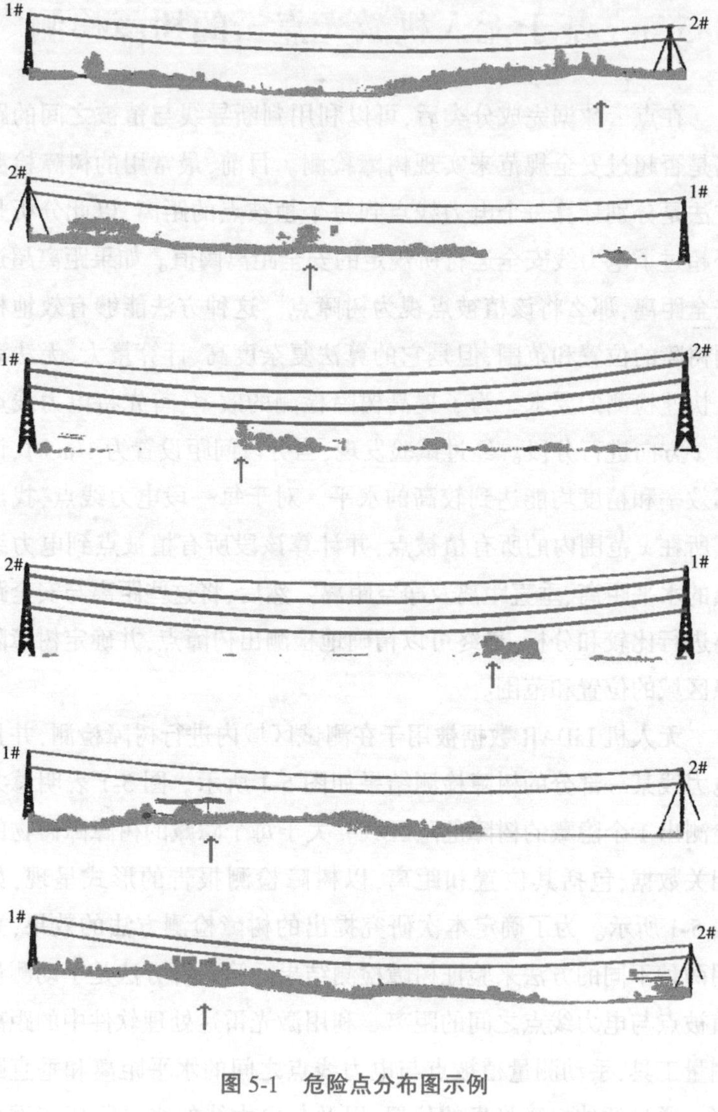

图 5-1　危险点分布图示例

距离,观察到手动测量的树障结果与本次研究提出的树障检测算法产生的结果基本一致。第二种方法是进行现场调查,同样确认隐藏的危险隐患。现在调查的危险区域的位置和范围与树障检测结果相符,则验证了树障检测算法可行有效。

表 5-1 树障检测报告示例

序号	杆塔区间	距小号塔距离/m	坐标点/m	危险点类型	实测距离/m		
					水平	垂直	净空
1	1–2	119.94	(538 492.81,3 478 499.75)	树木	4.25	6.81	8.03

5.2 电力走廊单木分割与砍伐树木数量估算算法

随着激光雷达技术的发展,机载 LiDAR 已经被广泛应用于单棵树木(单木)数量的确定及关键森林结构参数的估算。利用机载 LiDAR 技术来评估单木的数量和关键特征,依赖于将森林划分为独立的树木实体,从而方便计算用于移除的树木数量。目前,从激光雷达数据中划分单棵树木的策略可以大致分为两类:一类是基于冠层高度模型的单木分割方法,另一类是基于点云分析的单木分割方法。

5.2.1 基于冠层高度模型的单木分割方法

国内外学者已经开发了多种基于机载 LiDAR 数据的森林单

木自动探测方法。其中,基于冠层高度模型(canopy height model, CHM)的单木分割方法是其中的主流之一。基于CHM的单木分割方法的基本思路如下:首先对原始激光点云进行去噪、滤波等预处理,以分离出地面点和非地面点;然后分别对这些点应用插值算法(如反距离加权插值方法、克里金插值方法等)得到数字高程模型(digital elevation model, DEM)和数字表面模型(digital surface model, DSM);接下来,通过DSM和DEM的差值运算得到CHM;最后,运用各种分割方法对CHM进行处理以完成单木冠层的分割。

这些方法主要包括局部最大值法、区域增长算法、分水岭算法等。通常情况下,从树顶反射的激光点位于单木冠层激光点云的最高点,即树顶通常表现为局部最高点。因此,局部最大值法通常以固定或可变的窗口尺寸来检测单木的树顶。在2004年,Popescu等采用了可变窗口滤波算法来实现单木分割,提高了分割的精度,并有效消除了过分割现象。2015年,李响等使用CHM和CMM结合两种动态窗口,即树高-树冠回归方程和该方程的95%预测下限,来探测树冠顶点,通过局部最大值法自动提取了郁闭度较高的针叶林中的单木位置,其精度可达85%。

区域增长算法从种子像素开始,通过迭代方式逐渐扩大区域,直至满足生长停止条件。2016年,甄贞等应用黑龙江凉水国家级自然保护区的针叶林和阔叶林样地进行单木树冠提取研究,包括动态窗口局部最大值法用于单木位置探测,以及标记控制区域生长法用于树冠边界绘制,从样地和单木两个层次进行了评估。

分水岭算法是区域增长算法的一种特例,将冠层模型倒置,将其视为一个盆地,通过局部最小值为入口开始注水,水位逐渐上升直至达到盆地边界。2006 年, Chen 等引入了冠层最大模型(canopy maxima model, CMM),并采用标记控制的分水岭分割算法,有效地消除了不真实的树顶,避免了过分割现象,并提高了分割精度。2012 年,赵旦提出了一种结合冠层控制的分水岭方法,以提升郁闭林区单木分割的精度。针对郁闭林区的单木冠层特点,刘清旺等提出了双正切角树冠识别算法,并指出激光点云预处理效果会影响单木提取精度和单木树高精度。

5.2.2 基于点云分析的单木分割方法

近年来,随着计算机性能的提升和机载激光雷达数据质量的改善,越来越多的研究开始直接利用激光点云数据进行单木探测。这类方法弥补了之前方法的不足,提高了在冠层上部的单木检测率,并增加了在森林中下层的小树检测可能性,同时可以从分割的单木冠层点云中估算出更多的单木结构参数,为森林其他重要参数的反演提供基础数据来源。

Reitberger 等在 2009 年利用机载全波形激光雷达数据,采用归一化割方法对林区冠层进行分割,该方法利用树顶和树干作为先验知识,显著提高了中下层的单木检测率,但树干的检测精度易受点云密度和冠层间隙率的影响。Yao 等在 2013 年为了进一步提升单木分割精度,充分利用了单木冠层的几何特征和反射特性,将归一化割方法与空间密度聚类方法相结合,应用于激光点云数据的单木分割。考虑到树冠的各向异性,Zhang 等在 2015 年提出了基于滑动膨胀环线圈方法分割城市森林的单木,但其效率较低且难以探测到下层的单木。Li 等提出了基于空间距离的单木分割方法,避免了 CHM 插值误差和不确定性,并在针叶混交林中取得了良好的应用效果。

此外,一些经典的计算机视觉和图像处理算法,如 k 均值聚类算法和体素化分割算法,也被用于基于三维激光点云数据的单木分割。Kandare 等在 2014 年利用二维和三维 k 均值聚类算法从机载激光点云中检测林上和林下的树木,但是阈值不易控制,可能会导致过分割。Wang 等在 2008 年采用体素结构和一种分层的形态学方法,首先在相同高度层生成冠层区域,然后从不同高度层的树冠区域中提取单木,但该方法容易受到激光点云密度的影响。

5.2.3 砍伐树木数量估算算法

在树障隐患区域进行作业时,首先进行植被点的单木分割。这一步骤的实施能够获得每棵树木的精准位置、高度、冠幅等关键信息。随后,在单木分割完成后,对每棵树木与电力线之间的关系进行重新评估。重新测算每棵树木到电力线的水平距离、垂直距离及净空距离。最后,对那些超出了安全距离范围的单木数量进行统计。通过这一步骤,能够准确地确认需要被砍伐的树木数量,从而确保在处理树障问题时能够采取精确有效的措施。

5.2.4 精度验证方法

电力走廊的单木分割和砍伐树木数量估算精度评价采用了实地验证和树木点云人工分割相结合的方法。这一方法的核心在于将根据此方法进行的单木分割和砍伐树木数量估算作为真实值,然后将其与实际情况进行比对来进行精度评价。

为了评价精度，采用了召回率（R）、正确率（P）和总体精度（F）3个指标。在单木分割方面，召回率（R）表示成功探测到的单木数量占真实参考数据中树木总数的比例；正确率（P）则表示成功探测到的单木数量占整个提取结果中单木总数的比例；总体精度（F）则是综合考虑了召回率和正确率的评价指标。这种综合方法不仅结合了实地验证的实际情况，还充分利用了树木点云人工分割的精准性，以确保评价结果的准确性和可靠性。可描述如下：

$$F = \frac{2RP}{R+P} \tag{5-1}$$

5.2.5 单木分割方法效果对比

为了实现单木点云的精确分离，采用了基于冠层高度模型（CHM）和无人机激光点云的两种不同单木分割方法，并对比它们的效果。

一是基于 CHM 的单木分割方法使用了分水岭分割算法。该方法的步骤如下：首先，根据激光雷达原始数据，分别生成数字高程模型（DEM）和数字表面模型（DSM），其中 DEM 反映地面点，而 DSM 包含地面点和植被点信息。然后，通过 DSM 减去 DEM，得到了冠层高度模型（CHM），其中冠层高度模型的局部最大值被认为是树冠顶部，低点则代表冠层底部。利用分水岭的原理，可以实现单木的高精度分割，从而获取每棵树木的位置和形态。

二是基于点云分析的单木分割方法采用了归一化分割（normalized cut, Ncut）方法。这个方法的过程如下：首先，从点云数据中提取局部最大值作为初始树顶点。然后，利用 Ncut 方法进行初始单木分割,这有助于初步将树木从点云中分离出来。随后,进行迭代约束来进一步探测冠层中下层的单木,以尽可能识别所有的单木。

通过对比这两种方法的效果,可以评估它们在单木分割方面的性能,从而为选择合适的方法提供依据。这样的探索不仅可以提高单木分割的精度,还有助于深入理解不同方法在不同场景下的适用性和局限性。

结果(见图 5-2)表明,基于点云分析的单木分割方法能有效地分割单木点云,不仅可以识别大的单木,还可以分割中下层单木,而基于 CHM 的单木分割方法仅能识别大的单木。

利用上述两种方法分割之后,统计分析树障隐患区域内的单木棵数,对单木分割与砍伐树木数量进行估算,最终采用实测数据对单木分割与砍伐树木数目估算方法进行精度评估,其结果见表 5-2 和表 5-3。如表 5-2 所示,基于点云的单木分割方法能够精准分离树木,其精度可达到 90.5%。

根据表 5-2 的数据,可以看出两种方法都能够准确识别需要砍伐的树木,其砍伐树木数量的估算精度达到了 90%。这一结果在一定程度上表明本书提出的方法适用于确定树障隐患区域中需要砍伐的树木数量。此外,研究结果还显示,与基于 CHM 的方法相比,基于点云分析的方法能够更好地估算砍伐树木的数量。这是因为基于 CHM 的单木分割方法在探测下层低矮树木方面存在一定的限制,无法有效识别这些树木。而基于点云的单木分割方法采用了 Ncut 方法,能够更充分地探测中下层的树木,从而进一步提高了砍伐树木数量的估算精度。

这些发现强调了基于点云分析的单木分割方法在砍伐树木数

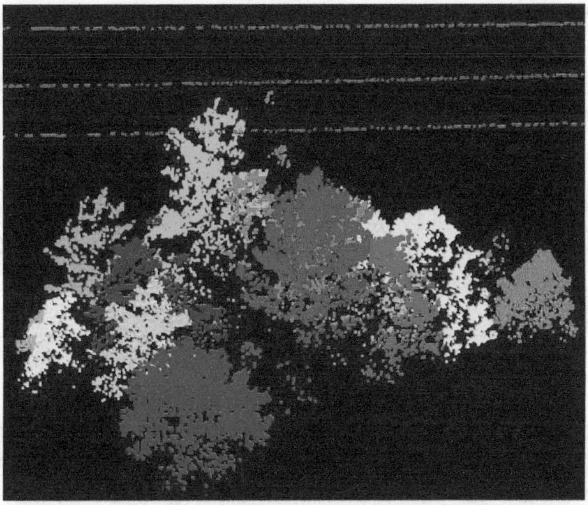

(a)基于点云的单木分割结果

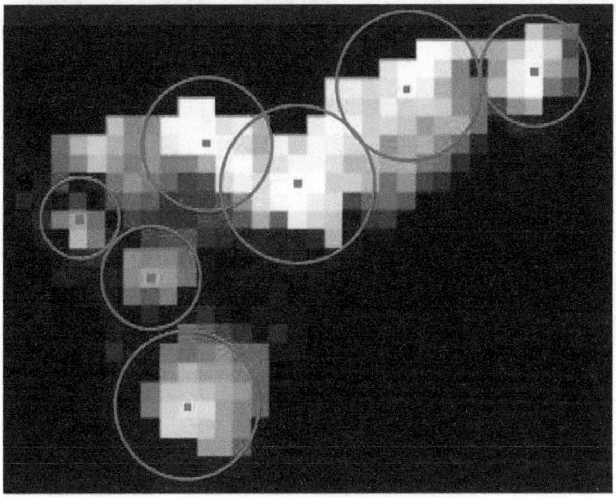

(b)基于CHM的单木分割结果

图 5-2　单木分割结果

量估算方面的优势，尤其是在需要识别多层次树冠结构的情况下。因此，通过选择合适的方法，可以更准确地确定树障隐患区域内需要砍伐的树木数量。

表 5-2　单木分割方法精度验证结果

方法	基于 CHM 的单木分割方法			基于点云分析的单木分割方法		
	R	*P*	*F*	*R*	*P*	*F*
精度/%	85.6	89.1	87.3	89.9	91.2	90.5

表 5-3　砍伐树木数目估算方法精度验证结果

方法	基于 CHM 的单木分割方法			基于点云分析的单木分割方法		
	R	*P*	*F*	*R*	*P*	*F*
精度/%	89.4	92.3	90.8	91.5	93.1	92.3

6 工程应用实践与前景展望

6.1 工程示范区激光雷达输电线路树障检测应用实践

利用本书的研究成果(基于无人机激光点云的树障检测与砍伐树木数量估算技术)进行工程示范应用。通过收集工程示范区的无人机激光雷达数据,并利用项目研究的点云数据处理方法以及树障检测与砍伐树木数量估算方法,完成工程示范区的点云精细分类、检测潜在树障隐患区域,并确定需要砍伐树木的位置和棵数。

技术路线具体包括:①无人机激光雷达数据采集;②激光雷达数据预处理;③电力走廊激光点云分类;④电力走廊树障检测;⑤电力走廊单木分割与砍伐树木数量估算;⑥工程示范应用,如图 6-1 所示。

6.1.1 无人机激光点云获取

工程示范区选在安徽和湖北两地,所选示范区均为有植被覆盖、地形起伏的区域。激光雷达数据采集选用 LiAir 200 设备,飞行高度 60 m,有效巡线长度为安徽测区 7.6 km,湖北测区 7.7 km,总计 15.3 km。无人机飞行高度为 150 m,激光点云密度为 400 个/m^2,激光点云水平精度和垂直精度分别为 19 cm 和 6 cm。原始点云数据如图 6-2 所示。本书获取的激光点云密度和精度均能够满足后期点云分类、树障检测和砍伐树木数量估算的需求。

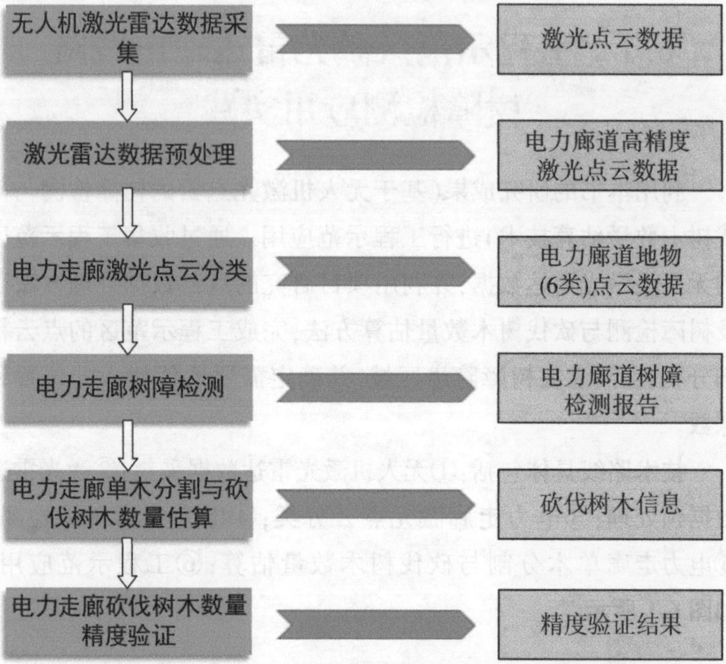

图 6-1　工程应用实践思路

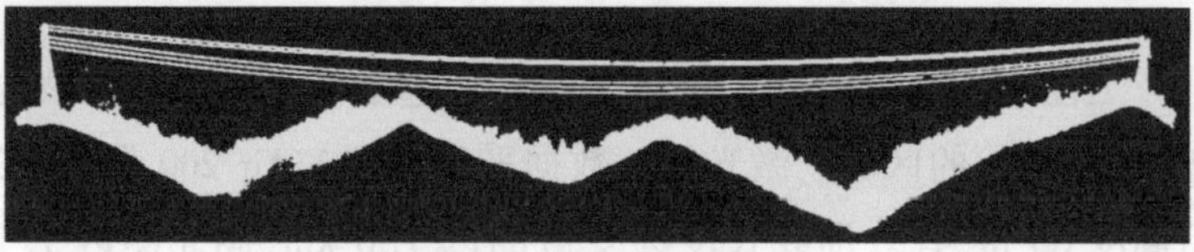

图 6-2　某一段电力线原始点云

6.1.2　无人机激光点云预处理

机载 LiDAR 系统在数据采集过程中,由于仪器或者当前目标环境的影响,不可避免地会产生离群点和噪声点。当空中存在飞鸟等低空障碍目标时,系统会接收到这些物体的回波信号。这类数据点的高程明显高于目标场景内的地物,称为"飞点"。而由于目标地物可能存在多路径反射,即指接收机除直接收到卫星发射的信号外,还可能同时接收到了经过多次地面反射后返回的信号。这种情况会采集到明显低于地表的数据点,称为"低点"。这些噪声点极大地影响了无人机激光点云的后续数据处理与应用。利用本书提出的基于 k 均值聚类和均匀包围盒索引算法对原始激光点云进行预处理,具体结果如图 6-3 所示。

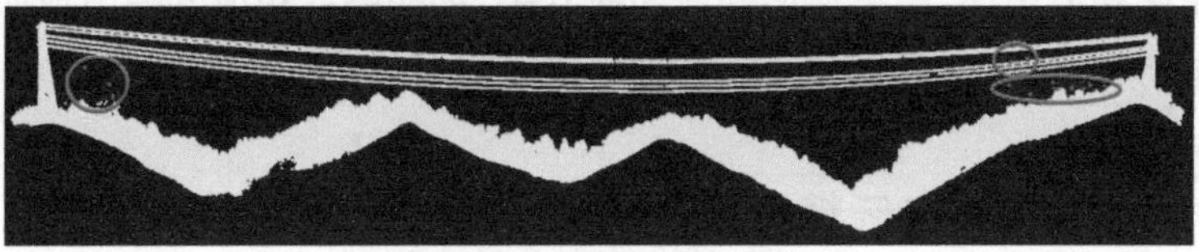

图 6-3　点云去噪结果

6.1.3　点云滤波

采用多级移动曲面拟合的自适应阈值点云滤波方法,能够迅速实现地面点和非地面点的有效分离。该方法首先对经去噪处理的点云数据进行格网划分,建立格网索引,而初始格网尺寸则根据研究区内最大物体(如建筑物)的大小来确定。然后,在每个格网内,通过最低点来构建曲面方程,通过设置高程阈值,最终实现地面点和非地面点的分离。该方法具有很好的自适应性,它能够根据真实高程与拟合高程之间的差异自动调整高程阈值。因此,在地面点和非地面点的分离过程中,该方法能够迅速适应不同地形条件,从而准确地实现分离操作。图 6-4 显示了该方法的分离结果,证实了即使在地形复杂的区域,多级移动曲面拟合的自适应阈值点云滤波方法也能够有效地提取出地面点。

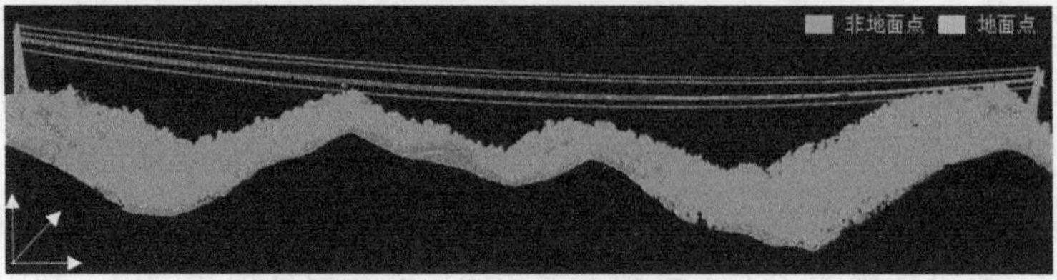

图 6-4　点云滤波结果

这一研究结果进一步证明了该自适应阈值点云滤波方法的可靠性和适用性，不论地形环境如何复杂，都能够成功地分离出地面点，为后续地理分析和数据处理提供了重要基础。

6.1.4　点云精细分类

根据图 6-4 的展示，滤波后的非地面点包括电力线点以及其他地物点。在这种情况下，本书引入的 RANSAC 算法被用来实现电力线点的精确提取。这一方法首先利用电力线在水平面上的投影呈线性分布的特性，运用 RANSAC 直线拟合的线性检测方法，以排除那些不位于电力线所在线上的噪声点。接下来，在电力线在垂直面上的投影呈抛物线分布的基础上，采用 RANSAC 抛物线拟合的方法，剔除那些与高压线处于同一垂直面上的噪声点。在完成所有噪声点的剔除操作后，电力线点云被成功地精确提取出来。具体的试验结果见图 6-5。

这些试验结果明确表明了本书提出的方法在电力线点云的精确提取方面具有高效性和准确性。借助 RANSAC 算法，成功地识别并剔除了噪声点，最终实现了电力线点云的有效提取。这一技术的应用有助于为电力线的管理和维护提供有力的支持。

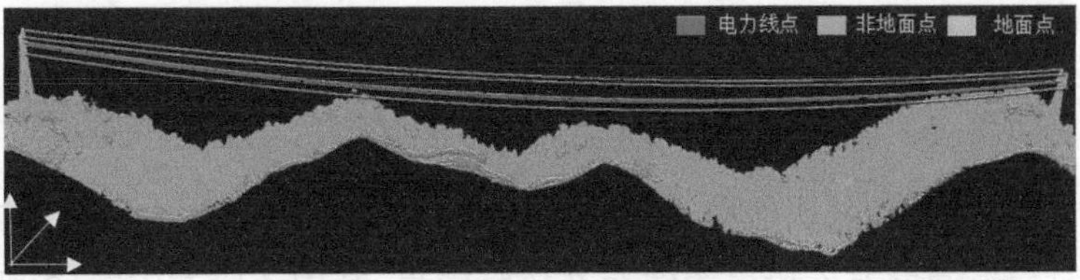

图 6-5　电力线点云提取结果

经过电力线点的提取,非地面点仍然包含了植被点、杆塔点及建筑物点。为了进一步净化非地面点云数据,需采取一系列策略。首先,通过比较植被分布区域与杆塔分布区域的相对高度差异,设定了一定的高度阈值,以排除非地面点云中的杆塔点。然后,基于树木和建筑物在几何形态上的明显差异,实现植被点和建筑物点的精确分离。最终的植被点提取结果见图 6-6。

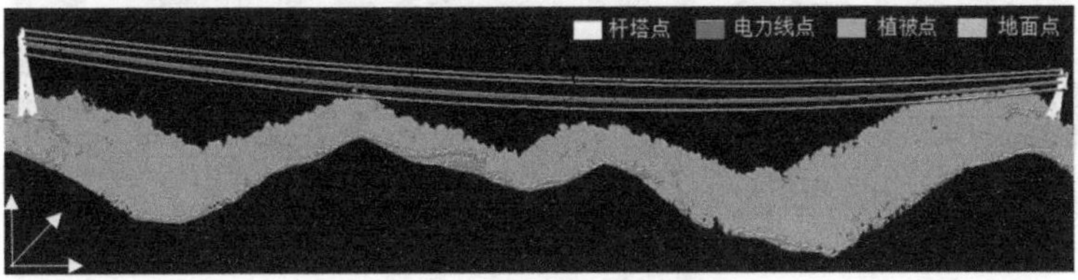

图 6-6　最终的植被点提取结果

通过这一系列的处理步骤,成功地实现了非地面点云数据的优化,从而更加准确地反映出植被、杆塔和建筑物等关键特征的分布情况。这种方法在电力线管理和维护领域具有重要的应用价值,为相关决策提供了有力支持。图 6-6 直观地展示了最终的植被点提取效果,验证了该方法的有效性和可靠性。

6.1.5 树障检测

利用本书的树障检测技术确定该工程示范区内的潜在树障隐患区域,总共有6段电力线存在树障隐患,其中4段在安徽、2段在湖北。在图6-7中,展示了电力线某一段的树障检测结果。根据图6-7,我们成功地检测出了该段电力线上的两处树障隐患区域。每个树障隐患区域的相关信息,包括其精确位置、距离等,均以树障检测报告的形式详细输出,具体信息见表6-1。通过实地勘测的验证,同样发现存在两处隐患区域,而且这些隐患区域的位置和范围与树障检测的结果高度一致。

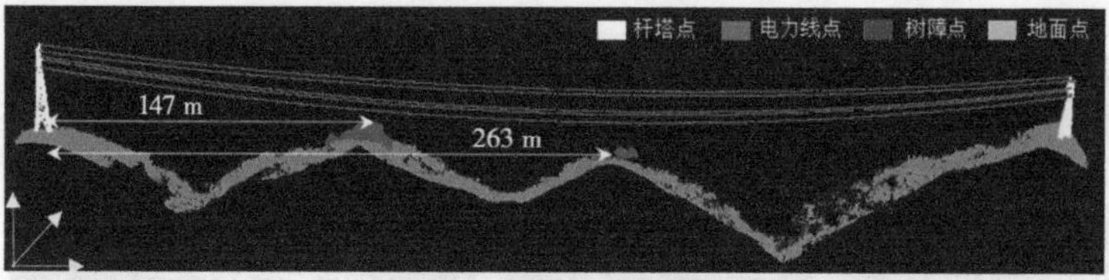

图6-7 危险点分布图

图6-7所示的树障检测结果清晰地展示了本书提出方法的有效性,不仅准确地标示出了潜在的树障隐患区域,还为每处隐患提供了详细的信息,有助于实际工作中的决策制定和处理。通过与实地勘测结果的对比,进一步验证了该方法的可靠性和精确性,为线路工程树障管理提供了有力支持。这种结合图像分析与实地验证的方法,为线路工程隐患检测提供了更加全面和可信的解决方案。

表 6-1 树障检测报告

序号	杆塔区间	距小号塔距离/m	坐标点/m	危险点类型	实测距离/m		
					水平	垂直	净空
1	1-2	147.53	(433 479.05, 3 471 572.75)	树木	2.00	4.68	5.09
2	1-2	263.34	(433 510.88, 3 471 465.50)	树木	5.07	6.12	7.95

6.1.6 单木分割与树木砍伐数量估算

通过采用基于点云分析的分割方法，对树障隐患区域进行了单木分割，并将分割结果展示在图 6-8 和表 6-2 中。从图 6-8 所示的分割结果可以明显看出，基于点云分析的单木分割方法在树障隐患区域的应用是相当有效的。

图 6-8 单木分割结果

表 6-2　单木分割结果

序号	X 坐标/m	Y 坐标/m	树高/m	树冠直径/m	树冠面积/m^2	树冠体积/m^3
1	608 976.743	4 265 776.042	23.880	9.300	67.923	662.013
2	608 911.113	4 265 816.502	23.010	10.811	91.801	856.108
3	608 910.613	4 265 708.992	22.530	8.066	51.092	546.614
4	608 908.343	4 265 844.032	22.430	5.932	27.633	230.741
5	608 938.343	4 265 757.802	22.120	13.959	153.037	1 416.606
6	608 918.263	4 265 842.652	21.860	5.360	22.565	192.458
7	608 928.173	4 265 698.622	21.760	12.945	131.611	1 333.282
8	608 915.343	4 265 702.012	21.710	18.119	257.831	3 082.722
9	608 991.603	4 265 717.492	21.710	9.242	67.086	648.720
10	608 926.783	4 265 809.082	21.690	7.504	44.220	401.159
11	608 943.413	4 265 794.012	21.470	10.752	90.792	754.570
12	609 012.653	4 265 746.802	21.200	9.446	70.080	615.731
13	608 958.683	4 265 734.122	21.070	11.834	109.992	1 082.125
14	608 940.133	4 265 735.642	21.010	8.874	61.843	535.499
15	608 934.903	4 265 740.782	20.990	8.882	61.958	525.932
16	609 003.413	4 265 721.292	20.940	10.377	84.571	735.407

该分割方法在处理单木点云时，能够准确地将每棵树木的点云分割出来，从而使得每棵树木都能够得到独立的表征。图 6-8 所展示的分割结果清晰地显示了树木点云的轮廓以及它们与周围环境的界限。通过这种方法，我们能够更好地理解树障隐患区域内树木的分布情况，进而为进一步的树障管理和砍伐计划提供更有价值的信息。

如果一棵树包含任意一个危险点，则该棵树被认定为危险树木,需要被砍伐。统计分析砍伐树木数量,最终采用实测数据进行精度评估,其结果见表 6-3。如表 6-3 所示,砍伐树木数量的估算精度达到了 91.6%,这在一定程度上表明本书提出的方法能够适用于确定树障隐患区的砍伐树木数量。

表 6-3　砍伐树木数量估算方法精度验证结果

评价指标	*R*	*P*	*F*
精度/%	91.0	92.2	91.6

6.2　经济社会效益与应用前景

激光雷达输电线路树障检测技术可以用于快速发现与检测树障隐患,为树障隐患的消除提供了技术支撑,同时为电网运行维护单位制订树木砍伐计划提供了可靠依据,减少了线路工程巡检成本,提高了经济效益。利用无人机激光雷达技术获取拟设计架空线路工程的三维信息,并结合输电线路树障检测技术、不同工况(风偏、高温、冰雪)下电力线安全预警技术、树木智能生长模型,可以确定电力塔线的合理架设高度,从而规避树障安全隐患。

激光点云精细分类技术、树障检测技术等,还可以用于输电线路的设计与规划,并助力重要林木林地资源的保护,电网安全与林地环境的和谐相处,具有良好的社会效益和生态效益。

参考文献

[1] 陈伟. 基于无人机巡检图像的电力系统故障智能检测技术研究[D]. 哈尔滨:哈尔滨工业大学,2021.

[2] 丁薇,黄绪勇,谭向宇,等. 基于机载激光点云的输电线路走廊树障自动化检测方法[J]. 测绘与空间地理信息,2018,41(11):125-128.

[3] 杜松,李晓辉,刘照言,等. 激光雷达回波强度数据辐射特性分析[J]. 中国科学院大学学报,2019,36(3):392-400.

[4] 冯聪慧. 机载激光雷达系统数据处理方法的研究[D]. 郑州:解放军信息工程大学,2007.

[5] 虢韬, 沈平, 时磊, 等. 机载 LiDAR 快速定位高压电塔方法研究[J]. 遥感技术与应用, 2018, 33(4): 530-535.

[6] 韩文军, 阳锋, 彭检贵. 激光点云中电力线的提取和建模方法研究. 人民长江, 2012, 43(8): 18-21,37.

[7] 胡彬,周宗国,杨时宽,等. 输电线路走廊树障清理相关技术分析[J]. 民营科技,2018(9):126-127.

[8] 黄维,黄志都,王乐,等. 架空输电线路走廊树障隐患动态管理及预警分析[J]. 广西电力,2017,40(3):39-42.

[9] 李崇瑞. DLG 辅助的机载 LiDAR 点云数据滤波研究[D]. 太原:太原理工大学, 2015.

[10] 李亮,王成,李世华,等. 基于机载 LiDAR 数据的建筑屋顶点云提取方法[J]. 中国科学院大学学报,2016,33(4):537-541.

[11] 李清泉,李必军,陈静. 激光雷达测量技术及其应用研究[J]. 武汉测绘

科技大学学报,2000(5):387-392.

[12] 李响，甄贞，赵颖慧. 基于局域最大值法单木位置探测的适宜模型研究[J]. 北京林业大学学报，2015,37(3):27-33.

[13] 李选富. 散乱点云自动配准技术研究[D]. 哈尔滨:哈尔滨工业大学,2010.

[14] 梁静,张继贤,刘正军. 利用机载 LiDAR 点云数据提取电力线的研究[J]. 测绘通报,2012(7):17-20.

[15] 林祥国,宁晓刚,段敏燕,等. 分层随机抽样的单档电力线 LiDAR 点云聚类方法[J]. 测绘科学,2017,42(4):10-16.

[16] 林祥国,宁晓刚,夏少波. 特征空间聚类的电力线激光雷达点云分割方法[J]. 测绘科学,2016,41(5):60-63,82.

[17] 刘清旺，李增元，陈尔学,等. 利用机载激光雷达数据提取单株木树高和树冠[J]. 北京林业大学学报，2008，30(6):83-89.

[18] 刘正军,梁静,张继贤. 空间域分割的机载 LiDAR 数据输电线快速提取[J]. 遥感学报,2014，18(1):61-76.

[19] 刘正坤,袁炜,王昊. 基于可见光影像的架空线路树障测量技术研究[J]. 地理空间信息,2018,16(7):89-91,11.

[20] 毛强. 基于机载激光雷达智能测距输电线路树障的方法研究[J]. 湖北电力,2017,41(2):20-23.

[21] 穆超. 基于多种遥感数据的电力线走廊特征物提取方法研究[D]. 武汉:武汉大学,2013.

[22] 任海成. 机载 LiDAR 树木检测在电力巡线中的应用研究[D]. 兰州:兰州交通大学,2017.

[23] 阮峻,陶雄俊,韦新科,等. 基于固定翼无人机激光雷达点云数据的输电线路三维建模与树障分析[J]. 南方能源建设,2019,6(1):114-118.

[24] 王成,习晓环,杨学博,等.激光雷达遥感导论[M].北京:高等教育出版社,2022.

[25] 王和平,夏少波,谭弘武,等.电力巡线中机载激光点云数据处理的关键技术[J].地理空间信息,2015,13(5):59-62,8.

[26] 王平华,习晓环,王成,等.机载激光雷达数据中电力线的快速提取[J].测绘科学,2017,42(2):154-158,171.

[27] 王濮,邢艳秋,王成,等.一种基于图割的机载 LiDAR 单木识别方法[J].中国科学院大学学报,2019,36(3):385-391.

[28] 王濮.基于机载 LiDAR 的森林单木识别研究[D].哈尔滨:东北林业大学,2018.

[29] 吴华意,宋爱红,李新科.机载激光雷达系统的应用与数据后处理技术[J].测绘与空间地理信息,2006(3):58-63.

[30] 习晓环,骆社周,王方建,等.地面三维激光扫描系统现状及发展评述[J].地理空间信息,2012,10(6):13-15,5.

[31] 向润梓.无人机激光雷达数据预处理技术研究[D].哈尔滨:哈尔滨工业大学,2020.

[32] 邢艳秋,尤号田,霍达,等.小光斑激光雷达数据估测森林树高研究进展[J].世界林业研究,2014,27(2):29-34.

[33] 徐博,刘正军,王坚.基于激光点云数据电力线的提取及安全检测[J].激光杂志,2017,38(7):48-51.

[34] 徐润君,陈心中.激光雷达在军事中的应用[J].物理与工程,2002(6):36-39.

[35] 徐辛超,徐爱功,于丹.地面三维激光扫描点云拼接影响因素分析[J].测绘通报,2017(2):14-18.

[36] 杨必胜,梁福逊,黄荣刚.三维激光扫描点云数据处理研究进展、挑战与

趋势[J]. 测绘学报,2017,46(10):1509-1516.

[37]叶岚,刘倩,胡庆武. 基于 LIDAR 点云数据的电力线提取和拟合方法研究[J]. 测绘与空间地理信息,2010,33(5):31-34.

[38]游安清, 韩晓言, 李世平,等. 激光点云中输电线拟合与杆塔定位方法研究. 计算机科学, 2013, 40(4): 298-300.

[39]余洁,穆超,冯延明,等. 机载 LiDAR 点云数据中电力线的提取方法研究[J]. 武汉大学学报(信息科学版), 2011, 36(11):1275-1279.

[40]袁小超. 基于智能电网的应急管理系统的研究与实现[D]. 成都:电子科技大学,2011.

[41]张昌赛. 机载 LiDAR 输电线走廊点云数据自动分类和树障预警分析方法研究[D]. 兰州:兰州交通大学,2016.

[42]张赓. 基于机载 LiDAR 点云数据的电力线安全距离检测[D]. 兰州:兰州交通大学, 2015.

[43]张苏,齐立忠,韩文军,等. 基于无人机激光点云的树障检测与砍伐树木数量估算[J]. 中国科学院大学学报,2020,37(6):760-766.

[44]张小红. 机载激光雷达测量技术理论与方法[M]. 武汉:武汉大学出版社,2007.

[45]赵旦. 基于激光雷达和高光谱遥感的森林单木关键参数提取[D]. 北京:中国林业科学研究院, 2012.

[46]甄贞, 李响, 修思玉,等. 基于标记控制区域生长法的单木树冠提取[J]. 东北林业大学学报, 2016, 44(10):22-29.

[47]郑耀华. 架空输电线路走廊树障在线监测关键技术研究[J]. 机电信息, 2014(24):150-151.

[48]周小红,李向欢,石蕾,等. 无人机倾斜摄影技术在电力巡线树障检测中的实践应用研究[J]. 电力大数据,2019,22(8):53-59.

[49]朱笑笑,王成,习晓环,等.多级移动曲面拟合的自适应阈值点云滤波方法[J].测绘学报,2018,47(2):153-160.

[50]朱笑笑,王成,习晓环,等.ICESat-2星载光子计数激光雷达数据处理与应用研究进展[J].红外与激光工程,2020,49(11):76-85.

[51]祝贺,于卓鑫,严俊韬.特高压输电线路树障隐患,预判及仿真分析[J].东北电力大学学报,2018,38(2):21-27.

[52]Axelsson P. Ground estimation of laser data using adaptive TIN-models[C]//Editor Kennert Torlegard. Proceedings of OEEPE workshop on airborne laser scanning and interferometric SAR for detailed digital elevation models. Stockholm: Royal Institute of Technology Department of Geodesy and Photogrammetry, 2001:185-208.

[53]Besl P J, Jain R C. Segmentation through variable-order surface fitting[J]. IEEE Transaction on Pattern Analysis and Machine Intelligence, 1998, 10(2):167-192.

[54]Blair J B, Hofton M A. Modeling laser altimeter return waveforms over complex vegetation using high-resolution elevation data[J]. Geophysical research letters, 1999, 26(16): 2509-2512.

[55]Brovelli M A, Cannata M, Longoni U M. LIDAR Data Filtering and DTM Interpolation Within GRASS[J]. Transactions in GIS, 2004, 8(2): 155-174.

[56]Brovelli M A, Cannata M, Longoni U M. Managing and processing LIDAR data within GRASS[C]. Proceedings of the Open Source GIS-GRASS Users Conference, Trento, Italy, 2002.

[57]Chen C, Yang B, Song S, et al. Automatic Clearance Anomaly Detection for Transmission Line Corridors Utilizing UAV-Borne LIDAR Data[J].

Remote Sensing, 2018, 10(4): 613.

[58] Chen Q, Baldocchi D, Gong P, et al. Isolating Individual Trees in a Savanna Woodland Using Small Footprint Lidar Data[J]. Photogrammetric Engineering & Remote Sensing, 2006, 72(8):923-932.

[59] Cheng L, Tong L, Yu W, et al. Extraction of Urban Power Lines from Vehicle-Borne LiDAR Data [J]. Remote Sensing, 2014, 6(4): 3302-3320.

[60] Cohen L D, Cohen I. Finite Element Methods for Active Contour Models and balloons for 2D and 3D Images[J]. IEEE Transaction on Pattern Analysis and Machine Intelligence, 1993, 15(11): 1131-1147.

[61] Elmqvist M. Ground Estimation of Lasar Radar Data using Active Shape Models[C]//Editor Kennert Torlegard. Proceedings of OEEPE workshop on airborne laser scanning and interferometric SAR for detailed digital elevation models. Stockholm: Royal Institute of Technology Department of Geodesy and Photogrammetry, 2001:1-3.

[62] Filin S, Pfeifer N. Neighborhood systems for airborne laser data [J]. Photogrammetric Engineering & Remote Sensing, 2005, 71 (6):743-755.

[63] Filin S, Pfeifer N. Segmentation of airborne laser scanning data using a slope adaptive neighborhood[J]. ISPRS Journal of Photogrammetry and Remote Sensing, 2006, 60(2): 71-80.

[64] Gastellu-Etchegorry J P, Yin T, Lauret N, et al. Discrete anisotropic radiative transfer (DART 5) for modeling airborne and satellite spectroradiometer and LIDAR acquisitions of natural and urban landscapes [J]. Remote Sensing, 2015, 7(2): 1667-1701.

[65] Guan H, Yu Y, Li J, et al. Extraction of power-transmission lines from

vehicle-borne lidar data [J]. International Journal of Remote Sensing, 2016, 37(1): 229-247.

[66] Haala N, Brenner C. Extraction of Buildings and Trees in Urban Environments[J]. ISPRS Journal of Photogrammetry and Remote Sensing, 1999, 54(2-3): 130-137.

[67] Hug C, Wehr A. Detecting and identifying topographic objects in imaging laser altimeter data [J]. International archives of photogrammetry and remote sensing, 1997, 32(3 SECT 4W2): 19-26.

[68] Jie Shan, Aparajithan Sampath. Urban DEM Generation from Raw Lidar Data: A Labeling Algorithm and its Performance [J]. Photogrammetric Engineering & Remote Sensing, 2005, 71(2): 217-226.

[69] Kass M, Witkin A, Terzopoulos D. Snakes: active contour models [J]. International Journal of Computer Vision, 1998, 1:321-331.

[70] Kraus K, Pfeifer N. Determination of terrain models in wooded areas with airborne laser scanner data [J]. ISPRS Journal of Photogrammetry and Remote Sensing. 1998, 53(4):193-203.

[71] Li D , Guo H , Wang C ,et al. Improved bore-sight calibration for airborne light detection and ranging using planar patches [J]. Journal of Applied Remote Sensing, 2016, 10(2):024001.

[72] Li W, Guo Q, Jakubowski M K, et al. A New Method for Segmenting Individual Trees from the Lidar Point Cloud [J]. Photogrammetric Engineering & Remote Sensing, 2012, 78(1):75-84.

[73] Lin X, Zhang J. Segmentation-Based Filtering of Airborne LiDAR Point Clouds by Progressive Densification of Terrain Segments [J]. Remote Sensing, 2014, 6(2): 1294-1326.

[74] Mclaughlin R A. Extracting Transmission Lines From Airborne LIDAR Data [J]. IEEE Geoscience & Remote Sensing Letters, 2006, 3(2): 222-226.

[75] North P R J, Rosette J A B, Suárez J C, et al. A Monte Carlo radiative transfer model of satellite waveform LiDAR [J]. International Journal of Remote Sensing, 2010, 31(5): 1343-1358.

[76] Petzold B, Reiss P, Stossel W. Laser Scanning-surveying and mapping agencies are using a new technique for the derivation of digital terrain models[J]. ISPRS Journal of Photogrammetry and Remote Sensing, 1999, 54(2-3):95-104.

[77] Popescu C S. Seeing the Trees in the Forest: Using Lidar and Multispectral Data Fusion with Local Filtering and Variable Window Size for Estimating Tree Height[J]. Photogrammetric Engineering & Remote Sensing, 2004, 70(5):589-604.

[78] Reitberger J, Schnörr C, Krzystek P, et al. 3D segmentation of single trees exploiting full waveform LIDAR data[J]. Isprs Journal of Photogrammetry & Remote Sensing, 2009, 64(6):561-574.

[79] Roggero M. Object segmentation with region growing and principal component analysis [C] // ISPRS Commission III Symposium "Photogrammetric Computer Vision", Graz, Austria, 2002, 289-294.

[80] Vosselman G, Maas H G. Adjustment and filtering of raw laser altimetry data[C] //Editor Kennert Torlegard. Proceedings of OEEPE workshop on airborne laser scanning and interferometric SAR for detailed digital elevation models. Stockholm: Royal Institute of Technology Department of Geodesy and Photogrammetry, 2001. 62-72.

[81] Wack R, Wimmer A. Digital terrain models from airborne laserscanner data-

a grid based approach [J]. International Archives of Photogrammetry Remote Sensing and Spatial Information Sciences, 2002, 34 (3/B): 293-296.

[82] Wang Y, Weinacker H, Koch B. A Lidar Point Cloud Based Procedure for Vertical Canopy Structure Analysis And 3D Single Tree Modelling in Forest [J]. Sensors, 2008, 8(6):3938-3951.

[83] Weidner U, Förstner W. Towards automatic building extraction from high-resolution digital elevation models [J]. ISPRS journal of Photogrammetry and Remote Sensing, 1995, 50(4): 38-49.

[84] Yao W, Krzystek P, Heurich M. Enhanced detection of 3D individual trees in forested areas using airborne full-waveform LiDAR data by combining normalized cuts with spatial density clustering [J]. ISPRS Annals of the Photogrammetry, Remote Sensing and Spatial Information Sciences, 2013, 2: 349-354.

[85] Zhang C, Zhou Y, Qiu F. Individual Tree Segmentation from LiDAR Point Clouds for Urban Forest Inventory [J]. Remote Sensing, 2015, 7(6): 7892-7913.

[86] Zhen Z, Quackenbush L, Zhang L. Trends in Automatic Individual Tree Crown Detection and Delineation—Evolution of LiDAR Data [J]. Remote Sensing, 2016, 8(4):333.